JN169048

世界初！

イヤホン型ウェアラブルコンピューター

イアラブル

谷口和弘　著

シーエムシー出版

はじめに

たとえば、海外旅行先で外国語が話せたら、もっと旅行を楽しめたのに……。
たとえば、日常生活で生活習慣に気をつけていたら、病気にならなかったのに……。
たとえば、ショッピングで、もっとスリムだったら、この洋服が着られたのに……。
このように、旅行やショッピング、日常生活などでお困りになったことはないでしょうか？

これらの悩み事は、世界初、耳につけて使うウェアラブルコンピューター(*)、「earable（イアラブル）」で解決することができます。

earableは、耳（ear）＋装着できる（wearable）を組み合わせた造語です。耳（ear）が、未来の〝○○〟を可能（able）にするという意味も込めています。〝○○〟に様々なキーワードが入ることで、多くの夢を実現する技術にearableが発展してほしいと思っています。

earableは、ウェアラブルコンピューターであるものの、デザイン性に優れたイヤホンや耳を華やかに見せるイヤーカフのようなアクセサリー感覚で耳につけて楽しむアイテムの一つとして使用できることから、「コンピューターの機能をつけた装飾品」という見方が正しいのかもしれません。たとえ、earableのコンピューター機能を使用しないときでも、そのまま装着していれば、違和感なく、むしろオシャレに見えます。

この本は、我々が研究開発を進めているearableのコンセプトについて解説したものです。まだ実現できていないところも多くありますが、この本によってearableについてご理解いただける方が一人でも増えることを祈っております。また、我々と一緒に実用化を目指してくださる方が増えるとありがたいです。

第1章の「知る」では、earableの原理をできる限りわかりやすく解説しました。また、第2章「使う」では、earableが普及すると社会がどうなるのか、第3章「着飾る」では、earableが目指している外観について、その根拠となる人の進化を読み解きながら述べました。第4章「生きる」では、earableを活用化した高齢者見守り支援について、第5章「噛む」では、近年、人の食べ物を噛む行為と健康との関係が注目されている中で、earableの機能を活用して開発された咀嚼計測装置を紹介しました。第6章「楽しむ」ではearableの応用例を示します。第7章「夢見る」ではearableのコンセプトを拡張させた新しい形について提案しました。

この本で、earableによって生みだされる「新しい価値」を一緒に想像して楽しんでいただけますと幸いです。

謝辞

本書を執筆するにあたり、㈱シーエムシー出版の池田朋美様、イラストレーターの寺西佐恵佳様、㈱eRCC三村千鶴様には特にお世話になりました。この場を借りて、出版にご協力いただいた関係者の皆様に御礼申し上げます。

earableの研究開発は以下から助成を受けました。

・文部科学省、科学研究費補助金、研究活動スタート支援、課題番号：24800055
・国立研究開発法人 科学技術振興機構（JST）、平成24年第2回研究成果最適展開支援プログラム（A-STEP）、探索タイプ、課題番号：AS242Z01544P
・広島市立大学、平成25年度特定研究費、区分：一般研究費
・総務省、平成25・26年度戦略的情報通信研究開発推進事業（SCOPE）、地域ICT振興型研究開発、課題名：広島発・産学官医連携体制による高齢者見守り支援システムの研究開発（132308004）
・広島市、広島発高齢者見守り支援システム開発プロジェクト
・広島市立大学、平成26年度特定研究費、区分：一般研究費
・総務省、平成26年度戦略的情報通信研究開発推進事業（SCOPE）、独創的な人向け特別枠「異能（Inno）vation」プログラム　ICT技術開発課題に挑戦する個人、課題名：耳飾り型コンピュータ
・広島市立大学、平成27年度特定研究費、区分：先端研究費

最後になりましたが、本書を手にとって読んでくださった読者の皆様に厚く御礼申し上げます。

2016年1月

谷口和弘

earable　世界初！ イヤホン型ウェアラブルコンピューター　目次

第1章　知る

―誰でもわかるearableの原理

earable（イアラブル）

●earableの機能

earableはどのようなウェアラブルコンピューターなのでしょうか?

ここでは、earableの機能について簡単に説明していきます。まず、機能面に着目して一言でいうと、**earableは使っている人の様々な要望に的確に対応できる「総合世話係（コンシェルジュ）機能を搭載したアイズフリー(*)かつハンズフリー(*)コンピューター」といえます。**

道案内や観光案内をしてくれたり、外国語を翻訳してくれたり、ダイエットを手伝ってくれたり、健康管理をしてくれます。また、移動時にも電話機や音楽プレーヤーとして使うことも可能です。いつもそばにいて、コンシェルジュのようにユーザーの生活習慣や好みに合わせてさりげなく助けてくれるアイズフリーかつハンズフリーの便利なウェアラブルコンピューターといえます。

earableが実用化されれば、例えば、earableでインターネット検索した結果データをearableに保存しておくと、ユーザーが自身の脳に記憶しなくても多くのデータを管理し活用することができます。星座に関する専用アプリをearableにインストールすれば、星座の知識がなくても夜空に顔を向けるだけで、ユーザーの顔の向きと位置情報をearableのセンサーで読み取り、さらに日時と気象情報など最新情報をリアルタイムで検索し状況に合わせて夜空に広がる星座の解説をBGM付きのガイダンスで聴くこともできるようになります（詳しくは第6章の「楽しむ」をご覧ください）。

earableを活用することでより知的な日常生活へと広がっていくのです。

● earableの外観

次に、earableの外観に注目したいと思います。earableは、常時身につけて使うものだからこそ、その外観にはこだわる必要があります。我々は、earableを芸術品のような美しさやデザイン性、宝石やアクセサリーのような華やかさをもつ耳の装飾品だと考えています。earableを身につけることで、オシャレをしているという満足感をユーザーに提供したいと思っています。そして、earableを老若男女問わず身につけることができるアイテムにしたいと考えています。そのため、我々は、earableの外観デザインを研究しています。日本古来の美意識を生かしたデザイン、人工宝石を使用したデザイン、そして着せ替え機能などについて研究しています。我々の研究成果として、デザイン例を2つ挙げます（図1、図2、図3）。図1は、古代日本の装飾品である勾玉（まがたま）をモチーフにしたearableです。図2は図1のearableをマネキンに装着させた写真です。勾玉は、古事記や日本書紀にも記載がある通り古代のデザインです。この勾玉の素朴で洗練された日本古来の美をearableのデザインを取り入れることにより、男女問わず使うことができ

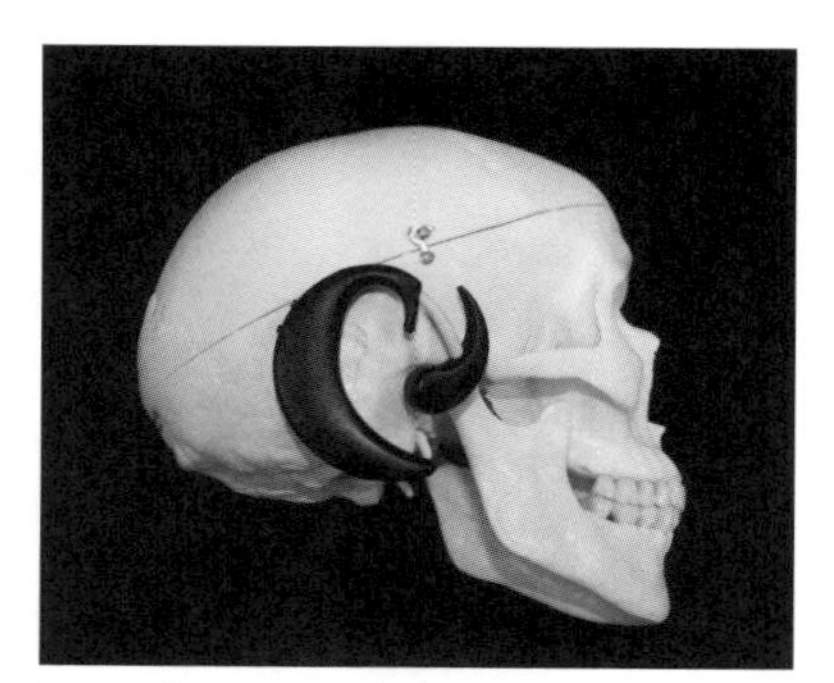

図1　勾玉をモチーフにしたearable

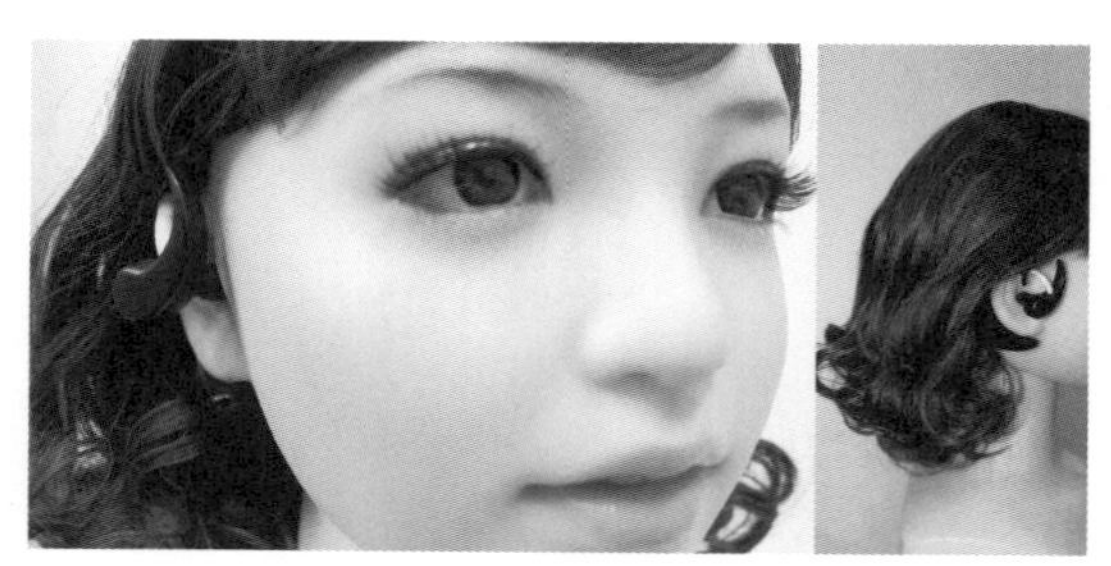

図2　earableをマネキンに装着した写真

図3　人工ダイヤモンド（スワロフスキージルコニア）で
桜をイメージして装飾したearable

る外観にしました。図3は、人工ダイヤモンドで桜を表現した物で、耳元を満開の桜とひらひら舞う花びらで飾りたいと考えてデザインしたものです。満開の桜を見ていると、無数の桜の花が自分の方を向いて応援してくれているような気持ちになります。このデザインには、そんな気持ちをユーザーとその周りの人たちで共有することで、みんなで幸せな気持ちになってほしいとの思いも込めました。

● earableの装置場所

earableは、イヤホンのように耳に装着し、ユーザーに対し音声や振動で情報を伝えます。earableではあえて画像情報を扱いません。つまり完全なアイズフリーを実現したコンピューターです。

ウェアラブルコンピューターがユーザーへ情報提供する方法を考えるうえで、視覚に比べて聴覚にはいくつか優れた特徴があります。まず聴覚による情報収集は注意を奪われないため、ほかの作業と並行して行いやすいということです。睡眠時など、人が意識を失い、感覚の中で最後まで失われずに残るのは聴覚であり、逆に起床時など意識が戻る際には聴覚が先に戻るという特徴もあります。いい換えれば、意識を失いそうなくらい体調が悪いときでも、つい、うたた寝をしてしまったときでも効果を発揮します。さらに、眼は閉じると視覚情報が遮断されますが、耳はいつも聴覚情報を取得しています。つまり常時情報収集ができるといえます。また、耳は皮膚が敏感な器官ですので、振動装置を用いたヴァイブレーションによる情報提供も有効です。

earableは、まるで「ユーザーの身体の一部」になったかのようにユーザーの日常生活をできるだけ自然な形で邪魔しないように支援することを考慮したコンピューターです。

● earableの操作方法

earableの操作方法はハンズフリーでかつ簡単です。表情、音声、うなずき（首の動き）で操作します。earableの最大の特徴は、光学式距離センサーで耳の中の動きから表情を読み取るところにあります。たとえば、奥歯を噛みしめるだけでスイッチのオン／オフを操作できます。電車の中など公共の場での音声操作には周囲への配慮が必要ですが、奥歯を噛みしめるだけなら気になりません。ただし、音声操作は短時間で効率よくearableに多くの情報を与えることができるという利点がありますので、ＴＰＯに合わせて上手く活用していきたいと思います。また、食事中でもearableを使うことができるように、食事による咀嚼（そしゃく）と操作のための噛みしめが峻別できる技術が組み込まれています。さらに我々は、直感的に行える入力操作として「うなずき（首の動き）」もearableの操作方法にしていきたいと考えています。このうなずきは加速度センサーで検知します。以上のように、音声、表情、うなずきを組み合わせることにより、いつでもどこでもearableを快適に操作できます。

● earableの構造

このように、earableには様々な機能を発揮する多種のセンサーが内蔵されています（表1）。それらを用いることで次のようなことができるようになります。たとえば、体温センサー、脈波センサー、光学式距離センサーでユーザーの健康管理をすることが可能になります。光学式距離センサーにより、咀嚼が認識できますので、いつ、どのくらいの量の食事をしたかがわかります。この情報は体重の管理をするうえで重要な情報になります。加速度センサーと

表1　earableのハードウェア構成とその機能

部品	機能
人工ダイヤモンド	装飾
マイク	音声をコンピュータに取り込む
スピーカー	音声を出力する
光学式距離センサー	耳の穴の微小な変化から表情を計測する
体温センサー	体温を計測する
脈拍センサー	脈拍を計測する
振動装置	耳の穴に微振動を加える 電話の着信をヴァイブレーションで知らせることができる
加速度センサー	頭の揺れる加速度を計測する うなずきや首振りでearableを操作できる
傾きセンサー	頭の傾きを計測する
地磁気センサー	顔を向けている方位を計測する
GPS装置	現在地を計測する道案内機能に利用できる
気圧センサー	気圧を測定する高度や天気の予想に利用できる
処理装置	センサーの計測結果の処理、音声信号や振動信号の出力制御を行う
記憶装置	コンピュータープログラムやデータを保管する
無線通信装置	スマートフォンなどの外部機器と無線通信を行う
二次電池	earableの電源

GPS装置の情報を組み合わせて使えば、食事量と運動量を一元管理でき、たとえばダイエットの支援に役立てることができます。また、光学式距離センサーからは笑顔、脈波センサーからはストレスの計測ができ、これらの情報を使えば心の健康も支援できるようになります。体温センサーから得られる情報は、熱中症、風邪、月経など様々な体調管理に使えます。earableで日々の健康データと過去の医療データを一括管理しておけば、日々の健康管理のみならず、外出先での急病や災害時、ユーザーに合わせた治療を受けることができるようになります。

ちなみに表情、脈波、音声の情報を組み合わせた個人認証機能により、自分のearableを他人が操作することを防ぐことが可能になりますので、セキュリティ対策も万全です。

図4はearableのハードウェアの構成例です。外耳道に装着する部分には光学式距離センサー、体温センサー、脈拍センサー、振動装置、スピーカーが搭載されています。耳に掛ける部分にはマイク、加速度センサー、傾きセンサー、地磁気センサー、GPS装置、気圧センサー、処理装置、記憶装置、無線通信装置、

図4　earableのハードウェア構成

電池が搭載されています。図3、図4におけるearableのボディは、人工ダイヤモンド（スワロフスキージルコニア）で装飾しています。重量は17グラム程度と軽く、装着感も優れています。

earableの動作原理

● ちょっと専門的な話

突然ですが、耳の穴に指を入れてみていただけますか？

そのまま、口を大きく開けたり閉じたりしてみてください。

指先に伝わるかすかな耳の中の動きーこれがearableの動作原理です。

この耳の中の動きは、顔の動きと連動しています。earableは、この耳の中の動きを光学式距離センサーで計測して表情を推定していきます。ここでは、earableの大きな特徴である耳の動きをもとにした表情計測について説明します。earableは、耳の中の動きを光で測定しています。光を使うことで、皮膚が敏感な耳に刺激を与えることなく表情を計測することができます。具体的な方法は図5のとおり、耳の穴（外耳道）に光学式距離センサーを挿入して行います。光学式距離センサーは、フォトリフレクタと呼ばれる電子部品で、光を発光する部分と光を受光する部分で構成されています。earableは、光学式距離センサーから発光された光のうち鼓膜や外耳道で反射された光を受光しています。表情を変えると、光学式距離センサーと鼓膜や外耳道との距離が変化し、その変化に伴い受光量が変わります。この変化を分析して表情推定を行っています。earableで使用している光学式距離センサーは、赤外線を発光します。赤外線は人体を透過したり、反射したり、吸収されたりします。また肉眼ではその光を見ることができません。赤外線は、７００ナノメートル（10億分の1メートル）以上の波長の光で、目で見える光（可視光）の赤色よりも波長が長く、電波よりも波長が短い電磁波（光は電磁波の一種です）を指します。earableで使用している光学式距離センサーは、９４０ナノメートルの波長の赤外線を発光しています。人の生体にある血液中のヘモグロビンは光を吸収する性質がありますが、７００ナノメートル前後から１４００ナノメートル程度までの近赤外線はヘモグロビンに吸収されることが少ないため生体透過性に優れています。現在のearableは、外耳道の表皮や鼓膜で反射された赤外線のみ利用していますが、赤外線の生体透過性を利用すれば、体内を透過し血管で反射した赤外線を用いて脈波を計測することも可能になります。また、受光部の仕様を変えれば人体から発している赤外線を受光するこ

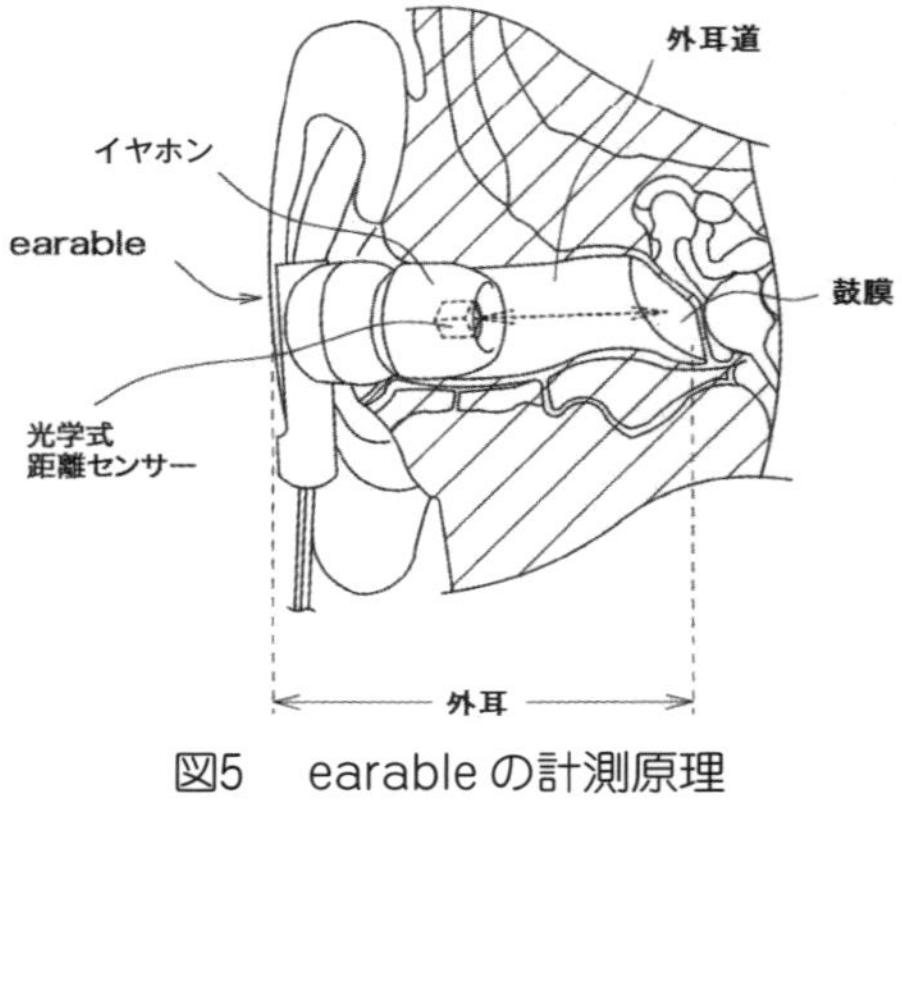

外耳道
イヤホン
earable
鼓膜
光学式
距離センサー
外耳

図5　earableの計測原理

とで体温を計測することも可能になります。赤外線を使った脈波測定技術や体温測定技術は既に各医療機器メーカーが確立しており、製品が販売されています。

earableが採用している光計測技術の利点をまとめますと以下の通りです。

・ユーザーがセンサーを見つめても赤外線なのでまぶしくない（光が見えない）
・光計測は、皮膚の動きを検知する圧力センサーを用いる方法に比べ、神経が敏感な耳に刺激を与えることなく測定することができる
・光計測は、外耳道に圧力センサーのように測定部に接触する必要がないので、外耳道の形状の違い（個人差）があっても安定して測定ができる
・1つのセンサーで表情、脈波、体温の3種類の生体情報を計測できる可能性がある
・内蔵されているセンサーは半導体なので、小型化、軽量化、低消費電力化が可能

図6は図5のearableの外耳動計測原理にしたがって試作したものです。低価格、小型、軽量、低消費電力で実現できています。

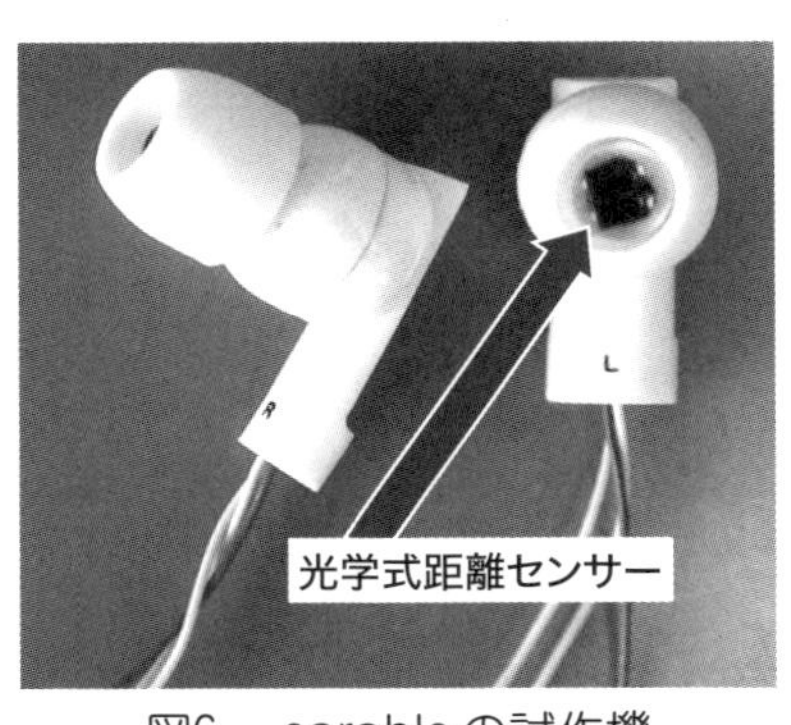

図6　earableの試作機

ウェアラブルコンピューターとearableのコンセプト

● モバイルコンピューターとの違い

世界的な高度情報化が進み、特に先進国では情報をいつでも、どこでも送受信可能な高度情報化社会の形成へと向かっています。また先進国では、高齢化が急速に進んでいます。高度情報化社会と高齢化社会において、生活の質（Quality of Life：QOL）の向上のため、常時ネットワークにアクセスでき、加齢などにより衰えた能力を補うことができるウェアラブルコンピューターへの期待が高まっています。ウェアラブルコンピューターは、常時身につけて使用するコンピューターのことであり、いつでもどこでも情報の受発信ができることが特徴です。ウェアラブルコンピューターがノート型パソコンやスマートフォンなどのモバイルコンピューターと違う点は、コンピューター自体が何かほかの作業（コンピューター操作以外の作業）をしているユーザーを支援するという点です。またウェアラブルコンピューターは、その作業に対する人の能力の拡大を図るためにも用いられています。モバイルコンピューターとウェアラブルコンピューターの違いをノート型パソコンとearableを比較して具体的に例示したいと思います。女性が犬の散歩の途中に公園のベンチに座ってノート型パソコンを使ってブログの更新やメールチェックをしている風景を想像してみてください（図7）。この女性はノート型パソコンを操作するために犬の散歩

（作業）を中断しなければなりません。このように小型コンピューターを使うために他の作業を中断しなければならないものがモバイルコンピューターです。一方、ウェアラブルコンピューターは他の作業を中断する必要がありません。この女性がearableを使ってブログの更新やメールチェックをするとどうなるのか想像してみます（図8）。犬の散歩をしている女性の耳につけているearableから「メールが届きました」とのメッセージが届けられます。女性が奥歯

図7　モバイルコンピューターでメールチェック

図8　ウェアラブルコンピューターでメールチェック

を噛みしめると、そのメールが読み上げられます（奥歯を噛みしめると「YES＝メールをチェックする」の意味になります。何もしない場合は、「NO＝メールをチェックしない」の意味になります）。ここでメールの送り主の音声データをクラウド(*)に登録しておけば、メールの送り主の声でメールを読み上げることもできるでしょうし、メールの返信は音声入力で対応できるようにすれば便利だと思います。ブログの更新は、ブログ更新サポートアプリを開発し利用することにより、音声でブログの更新内容を指示するだけで煩雑な作業はearableが代行しつつブログ更新を行うことができるようになります。このようにearable（ウェアラブルコンピューター）を使えば、メールのチェックもブログの更新も犬の散歩を中断することなく行うことができます。

● earableのコンセプト

さて、半導体技術と通信技術の進歩によりウェアラブルコンピューターは、計算能力や記憶能力をネットワーク側に持たせればよくなりました。ウェアラブルコンピューターに求められる最低限の機能は、人間の意図をネットワークに伝え、ネットワークから得られた情報を人に提供する機能です。フェイスマウントディスプレイ(*)や骨伝導(*)ヘッドフォンなど、ウェアラブルコンピューターにも使用できる出力装置が発達する中、ウェアラブルコンピューターに適した入力装置の開発が遅れています。特に、日常生活の中で常時利用、ハンズフリー操作、常時装着による日常生活での快適さ、使用方法の簡単さかつ即時性、ユーザーをいつも見守るという様々な機能を兼ね備えたウェアラブルコンピューター用の入力装置が必要とされています。earableは、高度情報化社会や高齢化社会に好適なウェアラブルコンピューター用入力装置としての機能を実現するため、以下のコンセプトのもと平成20年に開発が始まりました（もともとearableはキーボードやマウス、タッチパネルなどのようにコンピューターに情報を入力するための装置、いわゆる入力装置として開発が始まりました）。

①　誰でも・いつでも・どこでも・いつまでも使える入力装置

文化の違いや障がいの有無に関係なく使用でき、ハンズフリーかつアイズフリーとし、さらに意識を集中しなくても使用できるものとする。すなわち他の作業中の使用、常時装用での使用、日常生活での使用、そして丈夫な装置にすること。

②　小型・軽量化

ウェアラブルコンピューターとは、常時装用型のコンピューターである。そのためウェアラブルコンピューターは、小型・軽量であることが求められる。ウェアラブルコンピューターを小型・軽量にする方法の一つとして、入力装置と出力装置の一体化がある。コンピューターから人へ発信される情報に対し、人の有力な情報収集器官は目と耳である。耳（聴覚）による情報収集は、目（視覚）による情報収集に比べ、他の作業と並行して行いやすい。また睡眠時など人が意識を失うとき、感覚の中で最後まで失われずに残るのは聴覚であり、逆に起床時など意識が戻るときには聴覚が先に戻る。これら聴覚の特徴をふまえ、耳へ情報を出力する出力装置は、ウェアラブルコンピューター用出力装置として特に有用であると考えられるので、耳へ情報を出力する出力装置と一体化が可能で相性のよい入力装置を開発する。

③ 外耳の形状変化による情報入力

入力する情報は、人が意図的・無意識的に動かした外耳の形状変化とする。ただし、体温、脈波、骨伝導音、皮膚(*)ガス、そして筋電位(*)などの外耳から得られるほかの情報との併用も考慮に入れて設計する。

④ 光学式距離センサーによる計測

外耳の動きは、光学式距離センサー（半導体）を用いて計測する。これは、ユーザーのプライバシーを守ることができ、さらに耳に力学的な負担を大きく与えない方法であるため、長時間の装着が可能となる。また、半導体を用いているため寿命が長く（①の「いつまでも使える」を実現）、②の小型・軽量化につながる。

⑤ 見た目の美しさ

一般的な工業部品を用いて小型・軽量でシンプルな構造にすることにより、安価で、かつ、見た目の美しい、ファッション性の高いデザインに仕上げる。

第2章　使う

――earableを実際使ってみると

earableが普及した社会

●earableで日常生活が変わる

第1章で例に挙げた犬の散歩をしている女性にまた登場してもらい、その女性の1日を通してearableの活用例を紹介していきたいと思います。説明しやすいように女性の名前を朋美さんとします。

朝7時頃、朋美さんは枕元に置いてあるearableのアラームにより目覚めます。このアラーム機能、実は、earableは充電されながら、朋美さんの眠りの質を見守っています。アラームは、設定時刻の付近で朋美さんの眠りが浅くなったときを見計らって鳴る仕組みです。

目覚めた朋美さんはシャワーを浴びながら耳につけたearableで最新ニュースをチェックします。朝食を食べているときには、earableが咀嚼運動を計測してくれます。そして、身だしなみを整えて会社に出勤します。朋美さんがearableを意識して使用しなくても、駅の改札をノータッチで通過できたり、商談相手と挨拶をしただけで名刺交換できたりとearableが仕事を自動的に支援してくれます。

earableは生活習慣や好みを反映させた支援も行えます。朋美さんは毎日正午になると、昼食を食べるために外出します。朋美さんはダイエット中です。earableは、朋美さんの生活習慣に合わせて正午になると「お食事はどうされますか？」との音声メッセージを出してくれます。奥歯を噛みしめると「はい＝食事をする」という意味になります。何もしない場合は、「いいえ＝食事をしない」という意味になります。奥歯の噛みしめを認識したearableは、さらに朋美さんに「先週、手頃な価格で懐石料理が楽しめるお店が近所にできました。グルメ情報サイトでの口コミの評価が高いです。467キロカロリーの日替わり定食があります。このお店はいかがですか？」と音声メッセージを出します。朋美さんは奥歯を噛みしめます（「はい＝そのお店に行く」の意味です）。earableは、そのお店の予約を自動で済ませた上で、GPS機能を利用した音声ナビゲーション機能で朋美さんをそのお店に案内し、朋美さんは無事にそのお店に到着、食事をして午後からの仕事に備えます。さて、その後、定時になり朋美さんは退社します。そんなとき、earableが、「あと10分で電車が到着します」「あと1時間で雨が降りそうです」などの交通情報や気象情報を提供してくれるので便利です。そして、自宅の最寄り駅に着いたので、スーパーで夕食の買い物をします。earableは、その日のお買い得情報や店内のナビゲーション、夕飯レシピとその材料、メニューのカロリーなどの情報を教えてくれます。

自宅に到着した朋美さんは、earableの料理支援アプリで夕食の帆立と白菜のクリーム煮を作ります。そして食事後は、earableを使って友達と電話で話したり、振動による耳ツボマッサージで疲れをとったり、フランス語の勉強をしたり……どうですか？　earableのある生活は便利だと思いませんか?

朋美さんが使ったこれらのアプリは現在(平成27年9月現在)開発中であり、実現可能なアプリばかりです。我々は、これらのアプリ開発者が、開発しやすい環境を整える作業を行っています。アイディアを簡単に実現できるような仕組みを作ることが目標です。

earableが提供するサービス

我々は、将来実現可能なearableが提供できるサービスには、「心と身体の健康」、「アミューズメント」、「安心安全でエコな生活(便利な生活)」に関するものがあると考えています。それぞれをまとめたものを表1に示します。それでは、これらのサービスごとにその機能をみていきましょう。

● earableで心と身体の健康を保つ

「心と身体の健康」には、高齢者支援機能、運動管理機能、食事管理機能、リラックス機能、マッサージ機能、ライフログ(*)機能などが考えられます。
高齢者支援機能は、光学式距離センサーや脈拍センサーなどを利用して高齢者の健康を見守り

表1　将来実現可能なearableが提供できるサービス

カテゴリー	機能	内容	使用する内蔵部品
心と身体の健康	高齢者支援機能	高齢者の健康見守り支援	光学式距離センサー、脈泊センサなど
	運動管理機能	適切な運動を助言	脈泊センサー、GPS装置など
	食事管理機能	咀嚼を分析したメタボ対策	光学式距離センサー、脈泊センサなど
	リラックス機能	ストレスの緩和を図る	光学式距離センサー、振動装置など
	マッサージ機能	耳ツボを刺激する	振動装置
	ライフログ機能	行動パターンの分析	Bluetooth、GPS装置など
アミューズメント	観光ガイド機能	交通や観光情報を提供	無線通信装置、GPS装置など
	イベント解説機能	歌舞伎などの内容を解説	無線通信装置、GPS装置など
	地域イベント情報提供機能	地域のイベント予定を提供	無線通信装置、GPS装置など
	翻訳機能	翻訳	マイク、スピーカー、無線通信装置など
安心安全でエコな生活	ハンズフリーリモコン機能	家電や自動車の操作	光学式距離センサー、Bluetoothなど
	お買い得情報提供・売り場ナビ機能	スーパーなどでの買い物支援	無線通信装置、光学式距離センサーなど
	料理レシピ提供機能	料理の材料の購入も支援	無線通信装置、GPS装置など
	道案内・路線案内機能	バスの遅延、交通渋滞にも対応	無線通信装置、GPS装置など
	グルメ情報提供機能	グルメ情報、閉店情報を提供	無線通信装置、GPS装置など
	オシャレ	耳を綺麗に見せるための装飾	人工ダイヤモンド、光学式距離センサーなど
その他	めまいを計測する機能、補聴器機能、万歩計機能、音声によるネット検索、音楽鑑賞、ラジオ、ゲーム、カラオケ、気象情報提供、生体認証、生活見守り、音声メモ、電子メール、居眠り運転防止、障がい者支援、労働支援など		

支援する機能です（詳しくは第4章で紹介します。）。

運動管理機能は、運動を楽しく安全に継続して行うための支援機能です。例えば、脈拍センサー、体温センサー、加速度センサー、時刻、位置の情報を用いて、運動時間、運動強度（身体への負荷）などを計算し、日々の運動量を測定、ユーザーに適切な運動を助言します。また運動中の測定データから、日々の体調に合わせた安全な運動を支援します。さらにゲーミフィケーション(*)や身体リズムに合わせた音楽選曲などにより、運動が楽しく続けられるように支援します。

食事管理機能とライフログ機能も用いて、長期的な健康管理を実現します。食事管理機能は、健康的な食生活の実現を支援するものです。ここでは光学式距離センサーで計測したデータをもとに咀嚼運動を計測します。咀嚼から食事の回数、食事の開始時間、食事にかかった時間、食事の間隔、咀嚼回数から食物の摂取量や胃腸への負担、そして脈拍センサーから得られた情報をもとに精神的なストレスなどを推定し、糖尿病やメタボリック症候群などの生活習慣病を防ぎつつ、満足度の高い食生活が送れるように支援します。またデジタルカメラで撮影した画像とGPS情報などを使った食事ログを作成してもよいと思います。

リラックス機能は、光学式距離センサーから表情の変化を推定し、音声、体温、脈波、位置、時間の情報をもとに心理状態を推定し、音楽や超音波、振動などで精神ストレスの緩和を図ります。

マッサージ機能は、外耳にはツボが多く存在しますので、食べすぎ、肩こり、便秘、冷えなどに効果があるツボを振動装置により刺激します。外耳のツボマッサージは、不眠、ストレスなどメンタルに起因する不調にも効くとされています。

ライフログ機能は、コンティニュア・ヘルス・アライアンス規格に準拠した健康機器などからBluetoothを通じて得られる情報、運動管理機能から得られる運動情報、食事管理機能から得られる食事情報などに加え、音声認識メールや位置情報などを総合的にロギングします。こうしたライフログ機能により、これまで記録してこなかった自分の行動やそのパターンが記録できます。このようなデータは、例えば1週間のうちで水曜日が最も長距離を歩いていたとか、深い眠りが2時間続けばすっきり起きられる、といった今までに気がつかなかった自分に関するデータを見せてくれます。またこの自分のデータを使って、他の機能も自分用に自動でカスタマイズされていきます。

他にも、体温センサーと光学式距離センサー（眼球運動の測定）から得られる情報をもとに「めまい」を測定する機能や、補聴器機能、万歩計機能などがあります。また、「心と身体の健康」は歩数の傾向からウォーキングを取り入れたナビゲーションの優先提示機能、カロリーを考えたレストランのレコメンドなどサービスの裾野が広がります。

● earableで生活を楽しむ

「アミューズメント」には、観光ガイド機能、イベント解説機能、地域イベント情報提供機能、翻訳機能などがあります。観光ガイド機能は、ユーザーの位置情報をもとに公共交通機関や旅行会社、そしてSNSなどから得た交通観光情報をユーザーに提供する機能です。

イベント解説機能は、位置情報をもとに、earableユーザーにイベントの解説を行う機能です。例えばユーザーが歌舞伎を鑑賞しているとき、舞台の進行に合わせて解説を流したり、携帯電話を自動でマナーモードにしたりすることができます。また、サッカーや相撲などのスポーツ、京都祇園祭や隅田川花火大会などのイベントなど、利用者の居る場所でその時間に行われているイベントに対応した情報を提供します。歌舞伎座のイヤホンガイドなど既に実現しているコンテンツと新規のコンテンツを統合することでイベント解説機能を強化していけるでしょう。

地域のイベント情報提供機能は、ネット上にあるこれから行われるイベントの予定を、ユーザーの位置情報と過去の位置の履歴をもとにユーザーへ提供する機能です。例えば、ある神社のそばを通ったとき「来週の土曜日18時から神社で夏祭りがあります」などの情報を音声で伝えてくれます。他にも、音声認識によるネット検索、音楽鑑賞、ラジオ、ゲーム、カラオケなどの機能も考えられます（詳しくは第6章で紹介します。）。

●earableで生活がより便利になる

「安心安全でエコな生活」には、ハンズフリーリモコン機能、お買い得情報提供・売り場ナビ機能、料理レシピ提供機能、道案内・路線案内機能、グルメ情報提供機能、耳のオシャレなどの機能を有します。ハンズフリーリモコン機能は、首の動き（加速度センサーの計測結果）、音声（マイクの計測結果）、そして意図的な表情変化（光学式距離センサーの計測結果）によりスマートフォンやスマート家電、電気自動車のドアの開閉・エンジンスタート操作、健康機器の操作などを行うことができます（詳しくは第6章で紹介します。）。

お買い得情報提供・売り場ナビ機能は、スーパーやコンビニなどでユーザーへお買い得情報などを提供する情報です。例えば、ユーザーがスーパーのジャガイモ売り場の前を通りかかったとき、「今が旬、北海道産ジャガイモ1パック300円!」との情報が提供されます。その情報がこれ以上不必要なときは「両目を閉じる（＝これ以上情報がいらないときのジェスチャー）」をします。もっとその情報が必要なときは「奥歯を噛みしめる（＝情報が欲しいときのジェスチャー）」をします。2種類のジェスチャーを組み合わせながら、レシピ情報を取得し、そのレシピに必要な材料を揃えるための店内ナビゲーションなどの機能を自由自在に使いこなすことができます。表情のほかにも「首の動き」や「音声」でも操作可能です。

道案内・路線案内・交通情報機能は、音声で目的地をいえば位置情報をもとに、音声を用いて道案内や路線案内をしてくれる機能です。また電車やバスの遅延、交通渋滞などの交通情報も提供してくれる機能です。

グルメ情報提供機能は、ユーザーにグルメ情報サイトを音声で提供する機能です。ネット上のグルメ情報からは読み取れない閉店情報は、他のユーザーの位置情報（最近そのお店を利用したユーザーがいるか否か）から推測し、「最近その店は利用されていません」といったように情報を追加することもできます。

また、**耳のオシャレ機能**は、earableそのものを装飾品とすることで実現します。例えば複数の小型タンクをオプションとして取りつけ、そこに香水を蓄え、香り成分を少量ずつ外部に放出することにより香水の香りを長持ちさせたり、表情、体温、脈波、位置の情報などに合わせて複数の香りを選択的に放出させたりすることもできます。また心地よい手触り、ＬＥＤにより夜でも自然光を反射して光り輝く宝石の様にキラキラと輝くことができる機能など、五感訴えかける多彩な機能を検討し追加していけるでしょう（詳しくは第3章で紹介します。）。

他にも、生体認証、生活見守り、音声メモ、電子メール、居眠り運転防止、障がい者支援、労働支援などのサービスもよいと思います。また労働支援ではクラウドソーシングにも活用できると思います。さらにスケジュール管理も可能になると思います。

コラム　earableは平和を守るための装置になる

私は、「平和は兵器ではなく人の心によって守られる」と思います。たしかに平和を守るための兵器もあるとは思いますが、使い方次第では平和を崩すものに成りかねません。やはり平和を守るのは人の心だと思います。兵器による抑止力は、人による抑止力に比べ非常に弱いものです。新しい技術が生まれるごとに軍事的な力の均衡が崩れ、抑止力が弱まります。一方、人の心による抑止力は、心が豊かになることで、よりいっそう、強力になると思います。

earableは人の心を豊かに、そして健康にすることができる装置です。earableは次に挙げる平和を守るために必要な機能「心に平和を訴えかける機能、人と人の心をつなぐ機能、心を健全な状態を保つ機能」を実現できるものです。

○　心に平和を訴えかける

earableは、平和を音楽によって人に訴えかけることができます。また平和のための知識を音声で人に与えることができます。例えば、earableを使えば、昭和20年8月6日に広島市に投下された原子爆弾がどのような悲惨な体験を人々に与えたのか、ナビゲーション機能で直に原爆ドームを見ながら音声で知ることができます。直に見るとともに知識を音声で補足することで平和への意識が高まると思います。

またジョン・レノン氏の音楽活動や歌詞の意味を音声で知識として得た後に「イマジン」を聴けば冷静な気持ちで平和を考えることができます。さらに、キング牧師の活動と歴史的背景を音声で学んだ後に、キング牧師の肉声で「I Have a Dream」ではじまるあの有名スピーチを聞けば人権について深く考えることができます。相手の文化や風俗などを音声で学ぶことで相手の言動の背景を正しく理解することができ、問題が発生したときにその知識をもとにした平和的な解決手段を考えることができます。

○ 人と人の心をつなぐ

価値観の違いから争いが生まれることが多々あります。earable の電話機能や翻訳機能などを用いたコミュニケーション支援により、相互での価値観や思想を理解が進みます。また、第6章で説明する人と人との共感や感動を生む機能を用いれば、価値観や思想が違う人とも友情が生まれるように思います。さらに共感と感動、そして相互理解により、信頼関係を築いていけるようにも思います。

○ 人の心を健全な状態に保つ

人は心身の疲れにより、怒りやすくなったり、適切な判断ができなくなったりします。心心身の健康は、争いをなくす上で必要なものです。

earableのもつ健康支援機能や介護福祉関係の機能、そしてアミューズメント機能は人の心身を健康な状態に保つことに役立ちます。

earableは、必要以上に精神ストレス受けることが少ない生活を実現することに役立ちます。また受けたストレスを発散させることもできます。

第3章

着飾る

——いつも綺麗に格好良くなれるearable

earable の外観デザインの方向性

earable は、耳につけるウェアラブルコンピューターです。

earable は、常時身につけて使うものだからこそ、その外観にはこだわる必要があります。

私は、earable を身につけることで「オシャレをした」という満足感をユーザーに提供したい、審美性を徹底的に磨き上げ「格好良い」と思わせることで earable への所有欲を刺激したいと考えています。また、老若男女問わず身につけることができる外観の earable を作りたいと考えています。たとえ、earable に内蔵されているコンピューターシステム部分が故障したとしても、オシャレをするために earable を身につけたいと思わせる外観デザインにしたいと思っています。

そこで我々は、**earable をイヤリングのような装飾品として十分に使用できるデザインにするための研究をしています。**歴史をさかのぼると、人類は太古から現代に至るまで世界中の地域で耳に装飾品をつける文化があります。earable の外観デザインのアイディアには様々なものが考えられますが、「そもそも人間はなぜ服飾を身につけたのか」という問いを研究することで、earable の外観デザインの根底となる基本的な考え方を見いだそうとしています。また、「長い歴史をもつ磨き上げられた芸術のエッセンス」を earable の外観に取り入れるための方法も研究しています。

本章では、earable の外観デザインを考えるうえで重要な、人間が服飾を身につけた理由について解説し、その内容をもとにearableの外観デザインについて考えていきたいと思います。

そもそも人間はなぜ服飾を身につけたのか

●聖書にみられる世界最古の衣服

女がその木を見ると、それは食べるに良く、目にも美しく、賢くなるには好ましい思われたから、その実を取って食べ、また共にいた夫にも与えたので、彼も食べた。（3章6節）

すると、二人の目が開け、自分たちが裸であることがわかったので、無花果（イチジク）の葉をつづりあわせて、腰に巻いた。（3章7節）

旧約聖書　創世記より

この節を絵にした作品はたくさんありますが、なかでも有

図1　楽園のアダムとイブ
（出典：http://free-artworks.gatag.net/tag/アダム）

名なものの一つにオランダのデン・ハーグにあるマウリッツハイス美術館に所蔵されている「楽園のアダムとイブ（Adam und Eva im Paradies)」があります（図1）。

この絵は、1615年頃にフランドル絵画の巨匠ヤン・ブリューゲルと大画家ピーテル・パウル・ルーベンスによって描かれたものです。イブが知恵の実を食べ、その後イブが知恵の実を手にして、その知恵の実をアダムに勧めているところを描いたものです。アダムは、イブに勧められた知恵の実を食べ、アダムとイブは裸でいることが恥ずかしくなり、裸を隠すために腰にイチジクの葉を身につけるようになります。**これが旧約聖書に書かれた人類最初の衣服です。**旧約聖書は、紀元前5世紀頃にまとめられ、この時期以前の人々は、自分の裸を隠すためのものと考えていたことがわかります。ちなみに、2人が食べた知恵の実は、アダムの喉に詰まり喉仏となり、またイブの乳房になったといわれています。このことから、アダムとイブは、知恵の実を食べて第二次成長期を迎えたことになります。アダムとイブが知恵の実から得た知恵とは、「性を意識し子孫を残す（いい換えれば自己の生存と繁殖率を他者よりも高める）」ための知恵だと思います。ヒトは、自分の遺伝子をより多く残すために、社会という目に見えない構造を利用し、またその場にあった振る舞いをします。動物行動学の利己的遺伝子論の観点でいえば「ヒトは自分の遺伝子をより多く残すために生きている」ということなります。

●生物としてのヒトは何のために生きているのか？①

ヒトが服を身にまとう理由を考える前段階として、この節では何のためにヒトが生きているのかを考えたいと思います。

ヒトは他者との関係が上手くいくと喜びを感じ、逆に上手くいかないと不安になります。なぜヒトは他者との関係を大事にするのでしょうか？　その答えは動物行動学でも説明することができます。動物行動学とは、ヒトを含む生物全般の行動を研究することで、行動の総合理解を目指す学問です。動物行動学において、ヒトもその他の生物もその行動に大差なく、むしろ共通点が多く見られ、他の生物の行動からヒトの行動を知ることができます。動物行動学によれば生物の生きる目的は「自己の生存を守りさらに繁殖する」ことにあります。社会的な生き物であるヒトは、社会という構造を利用したり、操作したり、他者と計画的または臨機応変に上手く関わることで自己の生存と繁殖率を他者よりも高めようとしているのです。また、ときには自己犠牲による利他的な行動をとることにより、自分と同じ遺伝子を持つ個体を守ろうとします。

ここで、利他的な行動のわかりやすい例として社会性昆虫の代表であるアリの生態を紹介します。アリの成虫は性別や役割に応じて女王アリ、働きアリ、兵隊アリ、雄アリ（羽アリ）などに分けられ、一般的には雄アリと女王アリが交尾をします。そのため働きアリや兵隊アリは自分の子を直接残すことができません。働きアリや兵隊アリは女王アリをはじめとする自分の家族のために餌を集めたり敵を倒したりするなど、あたかも利他的な行動をとります。しかし一見、利他的な働きアリや兵隊アリの行動は、自分と同じ遺伝子をもつ家族を守るための行動であり、女王アリを通して自分の遺伝子のコピーを増やしているともいえます。アリも自分の遺伝子を残すために行動しているわけです。アリと同じ社会性昆虫であるミツバチも同様です。決してアリもミツバチも種族維持のために利他的に働いているわけではないことがわかります。アリやミツバチに限らず生物は全て種族維持を考えて利他的に行動するのではなく、自分と血のつながった（自分と関係の強い遺伝子を持つ）元気な子供をより多く残したいと無意識的もしくは意識的に行動しているわけです。

また、自分の遺伝子を残すことを優先して、種族維持を考えていない行動のわかりやすい例としてインドのサルの一種であるハヌマンラングール（ハヌマンヤセザル）の子族殺しが有名です。このサルは小集団のハーレムを形成して暮らしています。ハーレムの構成は大人のオス、つまりボスザルが1匹いてその他は全てメスか子供です。オスザル（オスA）は大人になると繁殖するために他のオスザル（オスB）のハーレムを襲い乗っ取ります。激しい闘争によって、ほかのオスBのハーレムを乗っ取ったオスAは、そのハーレムにいる子供たちにつぎつぎと襲い掛かり傷つけていきます。その子供の親であるメスはその傷ついた子供を介抱することなく捨ててしまい、結果、オスBの子供は全て死亡していきます。子供を失ったメスたちは発情し、オスAはメスたちと交尾をして、オスAの子供たちが増えていきます。つまり、オスAが自分の遺伝子を持った子供が欲しいと考えても、子供を育てているメスは発情して交尾をしてくれないため、他のオスの子供を殺すことに至ったわけです。このような利己的で種族維持を優先しない繁殖戦略がハヌマンヤセザルの社会では当たり前に行われています。ハヌマンヤセザルだけでなくアフリカのライオンも同様の行動をとります。また動物に限らず昆虫でも同じような行動をとるものもいます。昆虫のタガメのメスは同族の卵や子供を殺すことがあります。タガメはメスが産んだ卵をオスが守り育てます。ほかのメスとの間に生まれた卵を守っているオスと交尾するためにメスはオスが守っている卵をオスの隙を狙って殺してしまいます。守るべき自分の卵を失ったオスはそのメスと交尾をします。

●ヒトも他の生物と同じ

ヒトの場合、数10万年も前から複数の家族と集団で協力しながら暮らしており、ハヌマンヤセザルやタガメなどに比べ、はるかに複雑な社会を形成しているため当たり前に同族の子を殺すことはありません。しかし、ヒトの男性は性交を行うときに陰茎の先端部分のくびれを使って女性の子宮から精子をかき出す行動をとりますが、男性は、他男性の精子をかき出し同族の子供の誕生を阻もうと意図してそのような行動をしているわけではありません。ただ、動物行動学の観点からみると、これは、同族の子供の誕生を阻む行為にほかならないといえます。また、トンボのオスはペニスをもちませんが、交尾器はまるでスプーンのような形をした器官をしています。オスはこのスプーンのような器官を使ってメスの性器にある他のオスの精液をかき出す行動をとります。これらの行動も種族維持を目的としたものではなく自分の遺伝子を持った子供を残すための行動だといえます。

●適応度を高めること

生物学者のダーウィン（Charles Robert Darwin　1809～1882年）は「種の起源」の中で「よりよく環境に適応した個体はより多くの子孫を残すだろう（適者多産）」、そして「多くの子孫の中から今までの種よりもよりよく環境に適応した新しい種ができるだろう（進化：Evolutionが起こるだろう）」といっています。適者多産の度合いを表す指標には適応度（fitness）があります。自分の遺伝子を持った子孫を多く残すことができることを適応度が高いといいます。適応度とは「ある生物個体がその生涯で生んだ次世代の子孫のうち、繁殖年齢まで成長できた子孫の数」で表わされます。また自分の血縁者の子孫が増えることでも適応度を上げることができます。この指標を包括適応度といいます。

先ほども例に出した社会性動物のアリは子供を産まない働きアリや兵隊アリも女王アリを通し

て自分と同じ遺伝子を残すことで包括適応度を高めていきます。またヒトも自分が直接的に子供を作らなくても自分の親族の子作りを支援することで包括適応度を上げることができます。また完全な利他的な行動をとって全くの他人のために行動したとしてもその行動により自分の親族に間接的にメリットを生むことがあります。例えば英雄的な行動です。自分が英雄になることでその親族は社会的な立場が向上し親族の繁栄を助けます。結果的に包括適応度を高めることになります。

本節ではヒトが「自己の生存と繁殖率を他者よりも高める＝適応度を高める」ことを目的に生存していることについて解説しました。次節ではこの適応度と服飾との関係を考えます。

●ヒトはなぜ服飾を身につけるのか？

本節ではヒトが衣服を着るようになった起源についての仮説を解説します。まずヒトを知るためにその特徴を挙げます。ヒトは、直立二足歩行をし、体毛が薄く、髪の毛が伸びつづけます（サルは一定の長さ以上には伸びません）、衣服を着ます。第二次成長期に腋毛・胸毛・陰毛が生え、男性は髭が生え、女性は乳房が膨らみます。第二次成長期以降には、装飾品を身につけるためにピアシングしたり、眉毛など体毛を抜いたりするなど身体を自ら傷つけることがあります。これらの特徴は同じ霊長類のサルには見られません。特に直立二足歩行についていえば、サルにはチンパンジー、ゴリラ、そしてオランウータンなどの無尾類（ape）とニホンザルやタイワンザルなどの有尾類（monkey）がいますが、すべて四足歩行です。たまに短時間だけ立ち上がるサルもいますが、ヒトのように常時、直立二足歩行できる身体的構造をもっていません。恐竜や鳥類にも常時、二足歩行をするものがいますが、体軸が垂直に立っており下肢が直線状に伸びており、いわゆる「直立」二足歩行をするのはヒトだけです。

●直立二足歩行に対する適応

人類は、長い時間をかけて、四足歩行から直立二足歩行へと進化しました（図2）。一説によれば、男性は、サバンナで狩猟をするうえで獣に対して身体を大きく見せ威圧感を高め有利に闘うために、かつ、女性は背の高い（食料を沢山食べて育った＝経済力のある、さらに免疫力の高い）男性を好むので、体を大きく見せて女性に選ばれるために、最初は上体を反り、その延長線上に直立二足歩行へと進化したとのことです。この形態は息子と娘を問わず引き継がれ、結果的に男も女も立ち上がったそうです。[2]

人類は、四足歩行から直立二足歩行への変化に伴い、体毛が減少し、

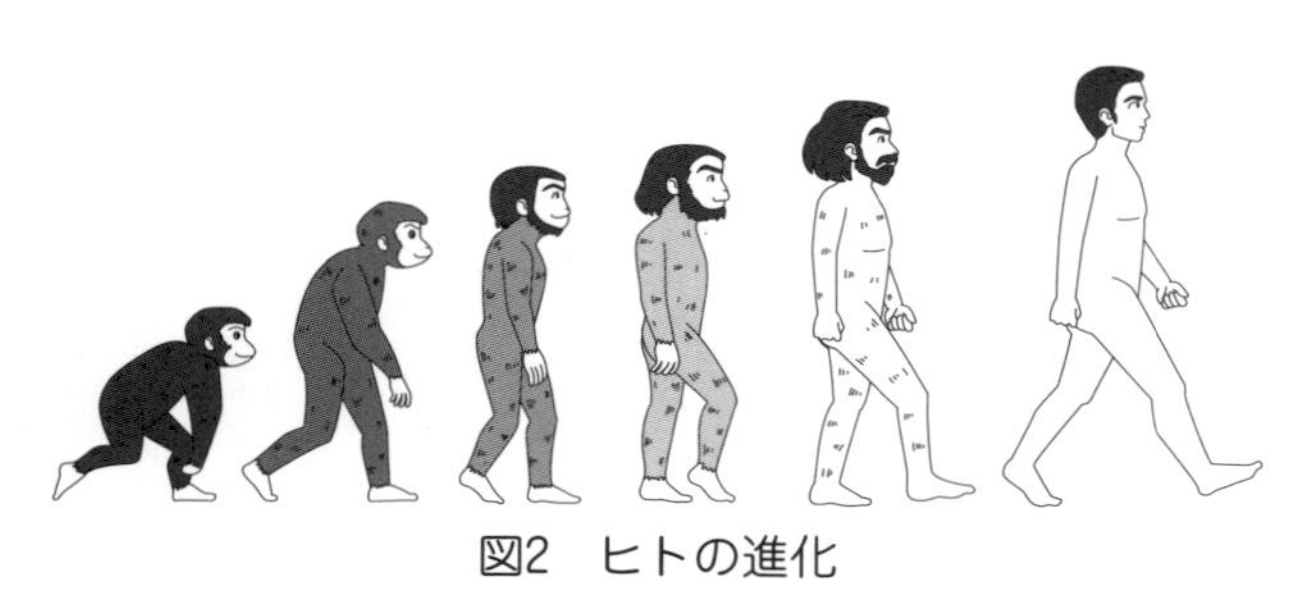

図2　ヒトの進化

体型も変化しました。男性として女性の体型の変化について興味を引くことの一つに女性の乳房が大きくなったことがあるでしょう。女性の乳房は純粋に授乳の為だけにあるのではなく、異性を魅惑するための信号の意味のあることが知られています。ヒト以外の霊長類のメスは四足歩行をしながら臀部でオスに視覚的な性刺激を与えています。臀部の膨らみがオスを興奮させます。もちろんヒトの女性の臀部も強力な性刺激を視覚的に発していますが、ヒトは直立二足歩行になり目の位置が高くなったため臀部が目立たなくなってしまいました。この損失を補うために女性の胸に一対の疑似臀部が進化したといわれています[3]。

次に体毛が減少した仮説を1つ紹介します。この説は体毛の減少が物理的な環境への反応の結果から生じたのではなく一つの社会的な傾向から生じたというものです[2]。チンパンジーやゴリラの赤ちゃんは生まれたときには毛が生えているがヒトの赤ちゃんは身体に毛が生えていません（正確にいうとあまり毛が目立ちません）。しかしヒトの赤ちゃんにもお母さんの体内にいるときには チンパンジーやゴリラのように毳毛（ぜいもう）と呼ばれる体毛が生えています。毳毛は妊娠6ヵ月頃から胎児の全身を覆うように生えてきて通常は生まれる前に抜け落ちます。しかしヒトには体毛がないわけではありません。じつは成人のヒトはチンパンジーやゴリラよりもはるかに毛の数が多いそうです。ところがその一本一本の毛が細くて柔らかいものなので、まるで毛が生えていないように見えます[1]。このようにヒトは元々体毛がないわけではなく、成長の過程で抜け落ちたり、生えても毛が細くて柔らかいものだったりするということです。この体毛が目立たなくなった理由はもちろん「適応度を高めるため」です。

●衣服は適応度を増大するための装置

大昔、ヒトが四足歩行であったときには敏感な嗅覚が生存上欠かすことができないものでした。鼻と距離が近い地面から生きるために必要な情報を「匂い」として豊富に得ることができたからです。ヒトと近い原猿類はよく発達した臭腺をもっており、この嗅覚が生殖にも果たす役割が多いことが知られています。アカザルのオスは交尾を行う前にメスの性器の匂いを嗅ぎます。これはメスのアカザルの膣からは発情ホルモンの作用で膣内細菌が作る匂い物質があり、それはオスの性的関心を高める作用をもっているからです。交尾を行う前にメスの性器の匂いを嗅ぐ行動はマカクやヒヒなどの類人猿のオスにもみられます。体毛が体臭を蓄えることにも役立つことが知られています。しかし、人類が直立二足歩行に進化するにつれて人類の鼻（嗅覚）の位置は地上から離れていき、嗅覚的な情報が得られにくくなると同時に、目の位置が高くなることで視覚的な情報が増え、嗅覚への依存が低下し、結果として視覚への依存の度合いが高まっていったのではないでしょうか。サルのメスが発情期に尻が赤くはれ、それが四足歩行のサルにおいても視覚的な性刺激としてオスに効果的に働くように、ヒトは直立二足歩行へ進化するにつれ、このような視覚的な性的魅力を強化していったと考えられます。視覚的な性刺激の強化には露出することと反対に隠ぺいすることが考えられます。体毛を目立たなくする進化は「露出」による性刺激の強化にあたり、衣服は「隠ぺい」することによる性刺激の強化にあたります。つまり、衣服は「適応度を増大するための装置」として開発されたのだと考えられます。千村典生氏は文化としての服装の誕生の理由として「視覚に訴える持続的な性的刺激の抑制を目的に、性器や第二次性徴の部位を隠ぺいするための衣服が発生した。（略）さらに人間は衣服による隠ぺいを逆手にとって、部分的な露出による挑発効果を併用しながら、からだを隠ぺいする衣服とからだのそのものの存在から、性欲望の間接的なイメージ表現やシンボル表現を試みるようになったと考えられる。」と述べています。[4] つまり、ヒトは衣服を用いて異性への性抑制と性的挑発を同時にしているということです。ということは、同性に対しては、衣服には、同性同士で仲良くするための「慰撫（いぶ）」と、異性を奪い合うための「威嚇」の意味も持つことでしょう。以上のように人の体毛が目立たなくなっていた理由には、ヒトが体の外見を性的なものとして、体の匂いよりも強く意識しはじめたことによるとの考えがありますが、他にもヒトが水中に住んでいたためとか、ノミやシラミ対策という説もあります。[1] しかし伸び続ける髪の毛は水中生活には邪魔ですし、体毛を薄くしても髪の毛や衣服にもノミやシラミがつくので説得力に欠けます。

●慎みと防寒が衣服の起源なのか?

現代、我々は体温調節や物理的な被害から身を守るためといった実用面、職業や身分を示すためといった社会面、性的な魅力を表現するためやオシャレをするためといった装飾面などのそれぞれが重なりあって衣服を着ています。この衣服の起源に前節で述べたもの以外にも「裸が恥ずかしいからヒトが衣服を着るようになった＝慎み」や、「ヒトは防寒ために衣服を着るようになった＝防寒」などの考えがあります。ところが、この二説を否定する説があります。

まず、被服心理学者のスーザン・B・カイザー（Susan B. Kaiser）は慎みが衣服の起源だという考え方を否定するため以下の4つの根拠を挙げています。[5]

① 一定の年齢に達しないと裸を恥じらわない。

② 裸で生活する民族が存在し、地域によって隠すべき身体部分が異なる。

③ 同じ地域でも時代によって身体を隠す基準が異なる。

④ 海水浴場でのビキニの例が示すように状況によって肌の露出を恥ずかしいと感じない場合がある。（いい換えれば人々は自分の身体露出が他者を性的に刺激したり、性的意図があると誤解されたりしない環境が担保されていれば衣服を脱ぐことができます。[6]）

ヒトは衣服による身体の隠ぺいを止めて裸体に戻ることは羞恥心によりできません。例えば性器のみを衣服で被っていた部族が衣服で身体を広く覆う文化に接しその習慣ができると、その覆った部分が恥の対象となり、衣服の領域に伴って恥の領域が拡大するそうです。なぜこのような羞恥心が生まれるのでしょうか？　羞恥心はその人のおかれている社会環境により影響を受けて変わるものだからです。羞恥心は人が生きていくために、お互いの協調協力体制を維持するうえで大事なものです。羞恥心の欠如により本能のままに性的な誘惑を行うと「異性の取り合い」が発生し、協調協力体制を崩すことにもなります。人は現状の社会に合わせた羞恥心をもつことにより、協調協力体制の維持を図っているのです。

さらに、防寒が衣服の起源だとする考えを否定する根拠は次の通りです。

人類は約５００万年前にアフリカで誕生したアウストラロピテクス（Australopithecus）を起源とされています。アウストラロピテクス以降、複数の人類が誕生して消滅し、現在に生き残ったのが我々、ホモ・サピエンス（Homo sapiens　意味は「知恵のあるヒト」）です。ヒト（ホモ・サピエンス）は約40万から約25万年前にアフリカに現れました。これは全人類のミトコンドリアＤＮＡの祖先がミトコンドリア・イブと呼ばれるアフリカ女性であるという出アフリカ説によります。ちなみにミトコンドリアは母親から子供にしか伝わらず、父親のミトコンドリアは子供の遺伝子に一切関係しないので、アフリカ女性であるとされています。

アフリカをはじめ氷河期でも温暖だった気候に住む人類には、防寒を目的としない衣服の文化が今もなお残っています。またアルゼンチン南端の町ウシュアイア（パタゴニア）の先住民族ヤマナ族は、極寒のウシュアイアでフンドシのような布とアザラシの毛皮だけの裸同然の格好で生活しており、防寒を目的とする衣服の文化は高度に発展していません。これらのように衣服が防寒を起源とするには例外的な事例が多くあります。またヒトは体毛を薄くするように進化してきました。防寒が必要ならば体毛を増やすという進化があってもよいですが、それよりも皮膚を白くし太陽光線を吸収しやすくする。身体を大きくする（ベルクマンの法則）、手足や耳を短くする（アレンの法則）などの方法をヒトは採用してきました。

●化粧と装飾品

前節では衣服の起源としてヒトが視覚的な性的刺激を強化するために衣服を身につけたとの仮説を述べました。ヒトは衣服の発展に伴い、身体の隠ぺいによる視覚的な性的刺激の強化のみならず、身体の変形や加工による視覚的な性的刺激の強化も行ってきました。ブラジャーは乳房の形状を変形させることができるし、コルセットは時間をかけて胸囲の形状を加工することができます。視覚的な性的刺激の強化を目的とする身体の隠ぺいや変形、そして加工という点においては、化粧や装飾品も衣服と同じです。化粧の技法には、体毛を取り除いたり、体毛を切って加工したり、体毛の形状を変形したりする技法と、皮膚の上に塗料を塗る隠ぺいや、別のものに作り変える技法があります。前者は眉毛や鼻毛を抜いたり、髭や産毛を剃ったり、ビューラーでまつ毛をカールさせたりするもので、後者はファンデーションを塗ったり口紅をひいたりするものです。また装飾品は、指輪、イヤリング、ピアス、かんざし、カツラなどの人工物を身体に追加することで身体の形状の変形や加工を行っています。

また、化粧は口や耳などの穴から悪魔などが進入するのを防ぐために赤色の物質を顔面に塗りつけるという約7万年前に行われていた習慣が始まりだと推測されているそうです。しかし私は、化粧や装飾が視覚的な性的刺激の強化のために、まず日常生活の中にあり、それらが対人関係に大きく影響を及ぼすとの経験を土台にして、それらを超自然的なものとの関係に拡張したのだと考えています。ヒトは洞窟に住んでいたような昔から化粧をしていたとされています。また近代においても裸に近い服装をしている民族がボディペインティングやヘアスタイルに凝っている例もあります。現在は世界中の多くの人々、特に成人女性が日常的に化粧をしています。衣服は首から下の身体の視覚的な性的刺激の強化に長けており、化粧と装飾品は衣服をまとうことができない（しにくい）顔、首、手、そして足の視覚的な性的刺激の強化に長けています。以下に唇（顔）、首、そして足の装飾についての実例を挙げます。

エチオピアのオモ川流域に住むスルマ族やムルシ族などの女性間では唇に装飾品をつける風習があります。彼女たちは下唇に穴を開け「デヴィニヤ」と呼ばれる土器で作った皿をはめ込みます。皿は成長するにしたがってだんだん大きなものに換えていきます。スルマ族やムルシ族の価値観では大きな皿をつけているほど美しい女性とされています。唇を拡大する風習は，スルマ族だけでなく、ケニアのマコンデ族、ガーナのロビ族などその他多くの部族でみられます。動物学者のデズモンド・モリス（Desmond Morris）は、この唇の誇張は、口紅を使って唇を大きくみせることや整形手術によって唇を豊かにすることとは程度の差はあるが同じことであると述べています。[7] 身近な日本でもアイヌ民族の女性が唇のまわりに刺青する文化がありました。

ミャンマーやタイに住むカレン族の女性は頸に金色を施した真鍮コイルの首輪を巻くことで、長い時間をかけて顎を引き上げ、下圧が鎖骨の位置を押し下げていることにより首の長さを強調します。モリスは女性の頸は男性に比べて細くて長いので、もし頸を細く長くみせることができるなら、女らしさを増すことができるだろうと述べています。[7]

中国の漢民族で10世紀から20世紀までに主に上流階級の女性の間で行われていた纏足（金蓮）は当時の男性にとって美の極みでした。この纏足と現代のハイヒールとの共通性も高いといえます。両者共に大変歩きにくいという欠点がありますが、足の形を加工したり変形させたりすることで、男性に対して強い視覚的な性刺激を与えるという利点があります。この利点は欠点を補って余りあるものです。

以上の例からもわかる通り、身体装飾の目的の一つは、身体をより魅力的な「見た目」に近づけることで視覚的な性的刺激を増幅することにあります。

コラム　耳と装飾

耳は身体の中でも性刺激を強化する場合において特別な意味を持つ部位です。例えば耳に穴をあけピアスをしている人も多いと思います。中には複数の穴を開けている人もいるのではないでしょうか？　現在、耳にピアスやイヤリングなどのアクセサリーをつける意味は、美しく見せるため、社会的な身分や経済力を見せるためといわれています。耳に穴を開けピアスをつける風習は世界中にあり、それぞれ無関係に起こったようです。アフリカやアジアには、耳に開けた穴を大きく引き伸ばすことで美しさを表現する部族もあります。また装飾文化としては、女性がウサギや猫など動物の耳を模した装飾を頭につけるという新しい文化もできました。

さて古代では、悪魔や悪霊は、体の穴から人体に入ると考えられていたため、耳にお守りをつけることは悪霊などから身を守る最良の手段とされていました。また、情報を集める有力な器官の一つであるともされていたため、知恵の宿るところと考えられ、ほかの穴に比べて特別な意味があり、賢者は大きな耳を持つと思われていました。また、穴を取りまく皮膚の垂れ蓋であることから、女性の性器の象徴とされていました。耳は、髪の毛に隠れることもありますが、比較的目立ちやすい位置にあるためその形状の個体差は割合に気になるものです。

ヒトの耳のようにふっくらとした耳たぶは、ほかの動物には見られない特徴です。耳たぶが性的な興奮により充血することや、物理的な刺激が性刺激として働くことが知られており、性衝動の一部として進化したのではないかといわれています。

earableの具体的な外観デザイン

●性的魅力を強化するデザイン

earableの外観デザインは、「耳の視覚的な性的刺激の強化」を目的に、耳を美しく強調（露出）もしくは耳を美しく覆い隠す（隠ぺい）ものでなければなりません。具体的には、図3のように外耳の形状が強調される形状にするとともに、図4のように宝石で美しく飾る方法が考えられます。ちなみに宝石は、太古の昔、不思議な力を持つ石として扱われ、祭事に欠かせないものでした。宝石を身につけることでその不思議な力をみつけたり、身を守ることができたりすると考えられていました。その後、宝石は経済力や社会的な地位を誇示する役割や自分を美しく見せるための道具として使われるようになりました。このような背景をふまえ、宝石でearableを

図3　earableの形状
協力：オリエント工業

図4　earableを宝石で飾る
協力：シグニティ・ジャパン（株）

飾る場合、使用するヒト（ターゲット）に合った石を選ぶ必要があります。また誕生石のようにユーザーと石との関係も大事にしたいものです。宝石以外にも漆、木、和紙、布などの素材を使ってもよいと思います。図5は、耳の穴を塞がない形状の新型のearableの写真で、このような外観デザインも可能です。このearableについては第7章で紹介します。

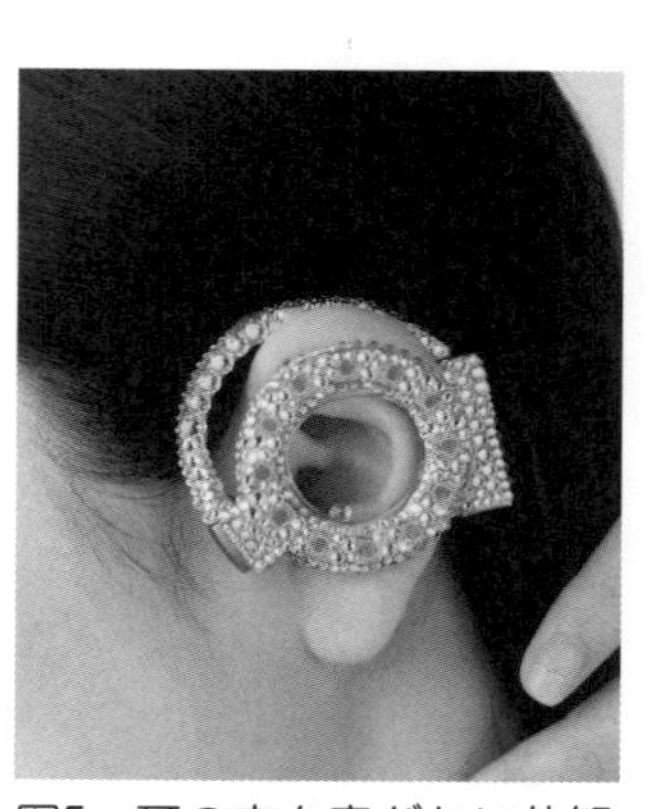

図5　耳の穴を塞がない外観デザインの新型earable
協力：V・TEC（株），Ram Factory

●日本の美意識に基づくデザイン

耳をearableで美しく魅力的に飾るため、我々はearableの外観デザインに日本の伝統的な美術工芸品や和服、日本画などの美的要素を入れていきたいと考えています。またカラーバリエーションは、日本古来の萌黄色や茜色などから選択でき、季節や好みによって着せ替えができるものにしてもよいかと思います。もののあはれ、自然との調和、侘びや寂び、匠の技、一切の無駄や贅沢を排除した美、雅など、日本の独特で特徴的な「日本人の美意識」を大事にしていきたいと考えています。

我々は、耳の視覚的な性的刺激の強化にとどまらず、使っている人の心に訴えるデザインも考えています。次節で心を伝えるデザイン、物語性のあるデザインについて例を挙げていきたいと思います。

また、もうすこし踏み込んだ内容として、現在行っているearableの外観デザインに関する最新の研究についても紹介したいと思います。

●心を伝えるデザイン：ユーザーの無病息災を願う

earableがユーザーの無病息災を願い、福を呼ぶお守りとしてのデバイス、またearableがユーザーに知恵や広い知識を提供するデバイスとなるように、我々はearableの外観デザインの一つに赤フクロウをイメージしたデザインを検討しています（図6）。

赤フクロウは、江戸時代から続く玩具です。起き上がりこぼしになっています。赤フクロウは、これを持っていることにより、赤ん坊が病気にならないようにという玩具だそうです。赤フクロウは、その名の通り赤色をしています。昔、赤い色は、病気を防ぐと信じられており、魔除けの意味がありました。還暦のちゃんちゃんこ、鳥居、こだま、獅子舞が赤いのも魔除け（病魔除け）の意味があるからです。また、「ふくろう」に「不苦労」という字をあてて、苦労を知らないという意味を込めて「福籠」という字を当てて福が

図6　赤フクロウ

籠ります。「福路」という字を当てて旅の安全や人生の幸せを願い、「福老」という字を当てて不老長寿を願い、福を呼ぶ縁起物といわれています。フクロウはギリシャ神話の女神アテナの使い、ローマ神話のミネルバの使いとして崇められ、知恵の神様や文芸の神様などとされてきました。またアイヌの人々には守護神コタンコロカムイとして崇められてきました。そしてフクロウは、人の3倍もの聴力をもつ耳の良い生き物です（耳から非常に多くの情報を得ることができる生き物です）。earableにより、智恵と有益な多くの情報がユーザーにもたらされることとユーザの無病息災を祈っています。

● 心を伝えるデザイン：ユーザーの成功を願う

桐と竹を組み合わせた文様から何を連想されますか？

桐竹鳳凰の文様は、鳳凰は桐の木に棲み、六十年に一度稔る竹の実を食べたとのことから桐と竹、想像上の瑞鳥である鳳凰（ほうおう）を組み合わせた文様をいいます。桐竹鳳凰文は、天皇の夏冬の御袍（ごほう）に用いられた高貴な文様で有職文様の一つでもあります。泰平の世を治めた君主を褒め、天上から鳳凰（ほうおう）が舞い降りてくるとされています。

青桐と竹を組み合わせた文様からは、鳳凰が連想されます。その鳳凰と対になる存在は「泰平の世を治めた君主」です。earableの外観デザインに桐と竹の文様を取り入れることにより、これから頑張る人にぴったりのアイテムになると思います。つまり、「鳳凰が舞い降りてくるのに必要な3要素のうち、青桐と竹は準備されています。あとは、自分自身が努力に努力を重ねて、泰平の世にするだけである」との意味になり、社長や政治家など責任のある立場に新しくなられた方にとって大事な気持ちを応援するアイテムになります。毎日、earableを身につけることで、自分に気合いを入れることができます。

●物語性のある外観デザイン

新年之始乃波都波流能　家布敷流由伎能伊夜之家餘其騰
（新しき年の初めの初春の　今日降る雪のいやしけ吉事）
万葉集　巻二十・四五一六　大伴家持

天平宝字3年（西暦759年）の正月、42歳の大伴家持が因幡国庁（鳥取県鳥取市国府町）においての国守をしているときに詠まれた万葉集最後の歌です。当時、正月の大雪は瑞兆（ずいちょう）と考えられていました。この歌の現代語訳は、「新しい年の始めの、初春の今日降る雪のように、良いことが積み重なりますように。」です。この歌を詠んだ家持は、橘奈良麻呂の変により、当時失意のどん底にいました。この歌からは自分の置かれた立場に負けない前向きな気持ちが伝わってきます。万葉集の絵巻や歌の一部をearableの外観デザインに盛り込むことで歌のもつ深い意味を表現したearableを作ることができます。万葉集に限らず源氏物語や枕草子などの絵巻の一部や、貝合わせの歌や絵を使っても物語が表現できると思います。

「貝合わせ」は百人一首の原型といわれるもので、元々は二枚貝を2つに分けて片方をさがすといった単純な遊びでしたが、やがて宮廷の人々のあいだでは、貝に歌や絵を書いて遊ぶようになりました。やがて、蛤の貝殻の両片に、一首の和歌の上の句と下の句を分けて書き、現在の百人一首のように取り合いするものへ発展しました。earableの外観デザインに貝合わせの絵やイラストを盛り込むことで物語を表現できるだけでなく、上の句のearableと下の句のearableにより夫婦や恋人同士で持つのによいアイテムになるように思います。

● 日本の美意識を生かす新しい取り組み

日本の強みである「伝統文化」を科学的に解明・応用し、earableのための日本にしかできないオリジナルの技術を研究開発することが必要だと考えています。日本発祥の芸術「いけばな」は茶の湯とともに日本を代表する伝統文化です。いけばなは、形や色をこえて、いのちの美しさが表現されているように感じます。

そして、いけばなは、花（生体）と器（非生体）により生み出された究極美です。earableもユーザー（生体）とコンピューター（非生体）の組み合わせであり、この点がいけばなと共通しています。いけばなは、室町時代から長きにわたる歴史をもち、日本特有の美意識や和の精神を守り伝え続けています。また、いけばなの美は日本のみならず世界中でも非常に高く評価されています。しかし、このいけばなの美は、国内外において科学的に未解明のままです。花（生体）と器（非生体）により形成される「いけばな」の究極美を科学的に解明し、ユーザー（生体）とコンピューター（非生体）で形成されるearableのデザインに応用することにより、社会的にインパクトのある日本オリジナルのデザイン技術を開発したいと考えています。またearableに合う髪型や服装などの組み合わせについても提案したいと考えています。

図7と図8は、いけばなの美をデザインに取り入れたearableの試作機「nakomi（和、なごみ）」です。これは総務省戦略的情報通信研究開発推進事業（SCOPE）平成26年度独創的な人向け特別枠「異能（Inno）vation」プログラムで開発しました。

nakomiは、いけばなにおける生花の基本構成「真・副・体」[*]と陰陽の世界観を基に設計されています。nakomiの外観設計のポイントは以下の通りです。

・いけばなの真から体への流れを寄る木の流線型で表現しました（図8（a））。
・真部分の寄せ木ラインを基準に外内へ傾斜させる事（図8（b）と（c））と副・体部分の葉に

あたる部分を隆起させる（図8（b）と（d））ことで陰陽を表現しました。

・鋭い形状（図8（e））をつけることで、桃花心木（マホガニー、木材）のもつ有機質な感覚のみならずコンピューターのもつ無機質な感覚も形状で表現しました。この特殊な形状は、熟練した職人の手作業でなければ実現できません（自動切削機械では実現できません）。

・副と体の面をなだらかに隆起させることで、体から全体に始まるいけばなのもつ躍動感を波の様な形状で表現しました（図8と（b）と（f））。

・「無塗装磨き仕上げ」という日本古来の技法を再現し、良質な仕上がり質感を表現しました。

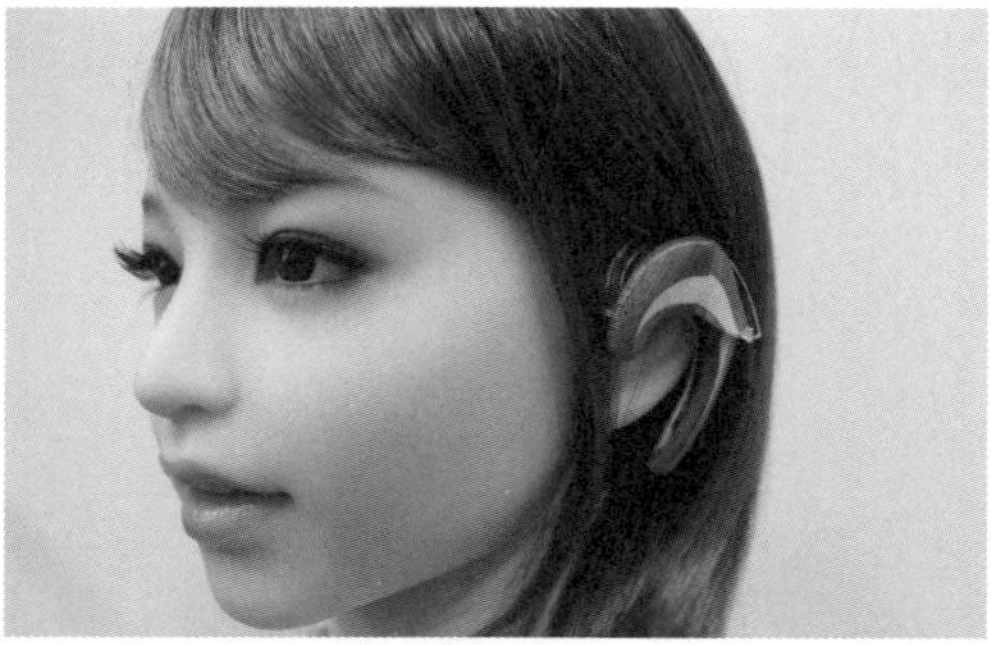

図7　nakomi（和、なごみ）の装着図
協力：（株）SweetD、V・TEC（株），オリエント工業

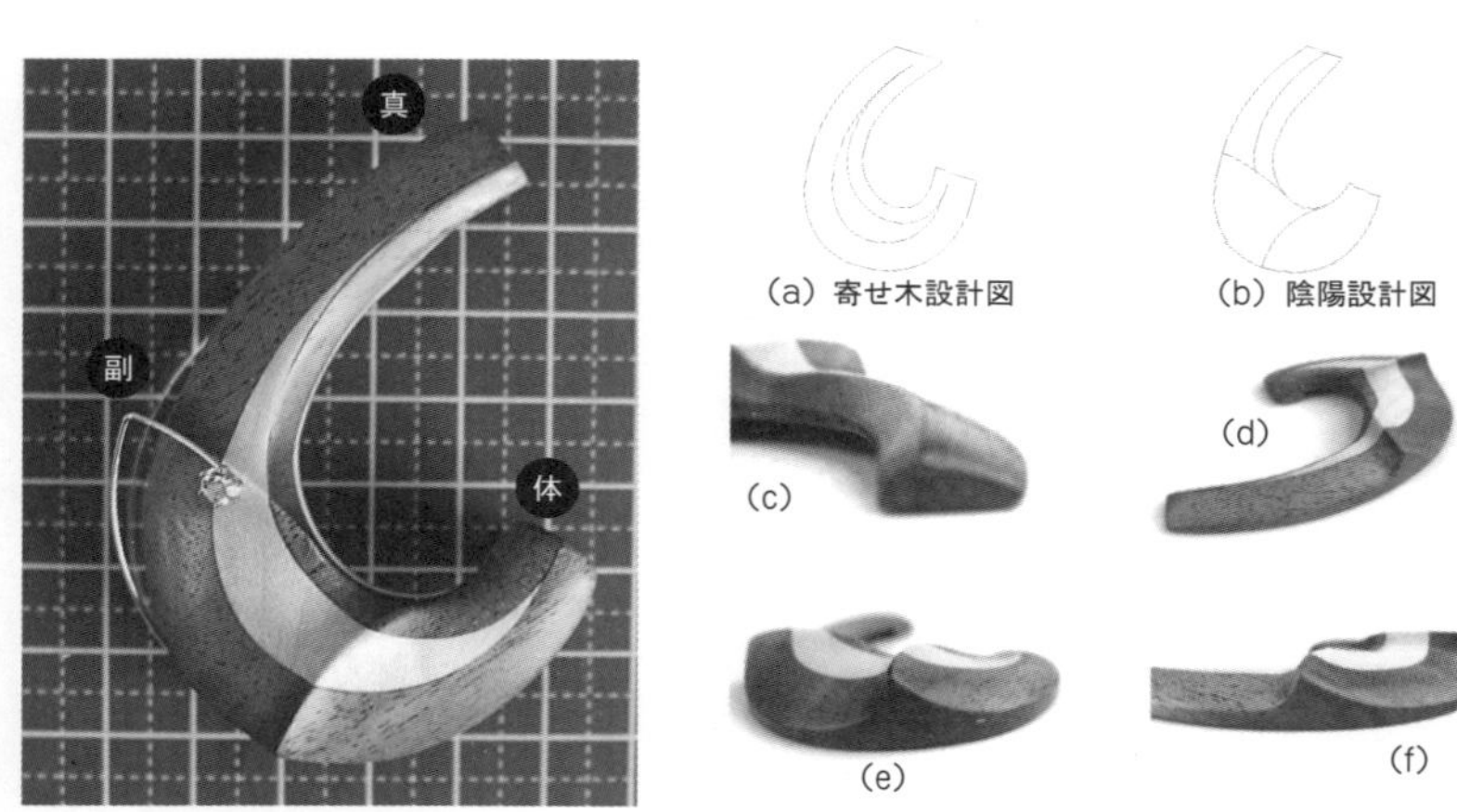

図8　nakomi（和、なごみ）の形状　協力：（株）SweetD、V・TEC（株）

第4章　生きる

——お年寄りにもやさしいearable

earable で高齢者の生活を支える

● 高齢社会は日本の自慢

「高齢社会」は日本の自慢の一つです。しかし、現在の社会システムにおいて、高齢社会には医療費増大や社会活力低下など解決可能ではありますがいくつかの問題を内包しています。我々は、健康長寿社会の実現を目指し、高齢者が健康かつ終身現役で生活していけるように、病気や生活習慣、そして加齢に伴う機能低下を未然に防止するとともに身体機能などを適切にサポートするシス

図1　我々の目指す高齢社会

テムを提供したいと考えています。

そこで我々は、**earableを応用した高齢者見守り支援システム（以後、本支援システム）を開発し、産学医官連携体制でそれらを社会システムに組み込むことにより、健康寿命を伸長させるための「予防」、「早期発見」、「健康管理・健康増進」などの高度化を図りたいと考えています。**また本支援システムは高齢者のみならず、若者にも利用してもらうことにより、生活習慣病の予防などの効果が期待でき、健康寿命延伸につなげたいと考えています。また、我々の研究開発成果（健康寿命延伸）により健康な高齢者の増加が見込めるため、健康な高齢者の社会活動（図1）を応援するための社会システム（仕組み）も作っていきたいと考えています。この仕組みを地域ぐるみで作ることで、健康増進、生活習慣病予防、生涯教育、生涯現役（就労支援）、地域コミュニティの活性化などを実現したいと考えています。

●広島地域に合う「高齢者見守り支援システム」とは

内閣府の平成27年版高齢社会白書によると、私の住んでいる広島県の総人口、約283万人（平成26年時点）のうち、高齢者（65歳以上）の人口は、77万人で、広島県の総人口の27・1％を占めています。日本の総人口に占める高齢者の割合は、26％ですので、広島県は日本のなかでも比較的高齢者が多いといえます。そこで我々は、まずは広島市に焦点を当て、広島地域に合う「高齢者見守り支援システム」についての研究開発をしています。広島地域に合う「高齢者見守り支援システム」の答えの一つとして、高齢者が健康で、その能力を発揮し、生きがいを感じ、安心して暮らせる健康長寿社会を実現するための医用ビッグデータ(*)を用いた高齢者見守りシステムの構築を目指しています。具体的には、耳に装着するワイヤレス外耳デバイス（earable）に咀嚼、せき、心拍、体温などの生活情報・医療健康情報を検知するセンサーを内蔵し、これらの情報をスマートフォンを経由して医療情報データベースに送信・蓄積し、高齢者の健康状態を常時看視する支援システムの構築です。この支援システムを構築するためには、企業、病院、大学、そして自治体などが連携し、生活リズムおよび生体データを測定する製品を開発し、製品を使用することにより得られる生活情報・医療健康情報（医用ビッグデータ）を、家族や見守り者、高齢者本人、医療機関が活用し、高齢者の見守りや健康管理に必要な情報伝達などを行う支援システムを開発するとともに、広島市および周辺地域特有の課題についても向き合いながら、支援システムの製品化を行うことが大事だと考えています。また、開発したシステムを活用した高齢者の見守りサービスの提供の仕組みを作ることも必要だと考えています。

● 広島市および周辺地域特有の課題

支援システムの研究開発には地域特有の課題について広く向き合うことが大切だと思います。

広島市および周辺地域特有の課題には「自動車関連産業への地域経済依存（課題1）」、「社会活力低下につながる要介護高齢者増加（これは全国的な課題でもあります）（課題2）」があります（図2）。広島地域の産学医官が連携し高齢者見守り支援システムを開発することにより、課題1および課題2の解決ができると思います。さらに情報・通信（ICT）の発展と向上、人材育成による地域研究機関のポテンシャルの向上にも寄与することができます。次節ではこの2つの課題について詳しくみていきます。

●広島市および周辺地域特有の課題1：自動車関連産業への地域経済依存

①　広島市の産業の特徴：高い技術力を持つ自動車関連の製造業

広島市の産業は、政令市の中でも福岡市・仙台市・札幌市といった地方の中枢都市と比較して製造業の割合が高いという特徴があり、とりわけ、軍都広島として培われた高いものづくり技術を活かして発展してきた自動車関連産業の集積度が高い状態にあります。こうした製造業は一社当たりの従業員数も多く、地域経済における雇用面でのウエイトが高くなっています。これらの企業のもつ高い技術は長い年月をかけて磨かれ蓄積されてきたものであり、こうした企業が集積していることが広島市及び周辺地域の製造業の強みとなっています。

②　現状と課題：自動車関連産業への依存が高い広島経済に潜む脆弱性

自動車関連産業が広島市の雇用に占めるウェートは高くなっており、今後、広島市の雇用を維持するためには、自動車関連産業が、少子高齢化による国内市場の縮小及び人材不足、グローバル化に伴う競争の激化など厳しい経済環境の中で生き残っていくことが不可欠です。

とりわけ、部品サプライヤーにとっては、先進環境対応車に求められる内燃機関の改良や電動化、軽量化などの技術ニーズに対応するための保有技術の向上のほか、海外生産や部品の海外調達の拡大などへの対応が必要となります。

こうしたことから、地域産業の活性化及び雇用の維持確保を図るため、新規事業への進出を促進していく必要があります。

● 広島市および周辺地域特有の課題2：社会活力低下につながる要介護高齢者増加

① 広島市の高齢者の状況：広島市民の約2割が高齢者。高齢者の約2割が要支援要介護。要介護高齢者増加の傾向。在宅高齢者の約6割が高齢者のみの世帯。

広島市の65歳以上の高齢者人口は、平成24年度から平成29年度までの5年間で約4万3千人（約18％）増加して平成29年度には29万1 9 1人となり、高齢化率も20・8％から24・4％（市民の4人に1人）に増加する見込みです。また要支援・要介護認定者数は、平成24年度から平成29年度までの5年間で約1万1千人（約22％）増加して平成29年度には5万9 6 8 0人となり、認定率（高齢者人口に占める要支援・要介護認定者の割合）も19・3％から20・2％に増加する（5人に1人が認定者）見込みです。在宅のひとり暮らし高齢者および高齢者のみの世帯に属する人数は、平成17年から平成26年までの9年間で約4万6千人（50％）増加して平成23年には13万8008人となり、その在宅高齢者に占める構成比も53・5％から59・4％に増加しています。本格的な高齢化社会を迎え、少子高齢化の進展により社会の活力低下が危惧されています。平成24年10月には、日本の65歳以上の老年人口は、1950年以降の統計で初めて3千万人の大台を超えました。地域別では全ての都道府県で老年人口が14歳以下の年少人口を上回っています。

②　高齢者見守りの現状：見守り体制が不十分

広島市では、平成27年現在、民生委員の日常活動を中心に、社会福祉協議会による「近隣ミニネットワーク」、「ふれあい・いきいきサロン」、老人クラブによる「友愛訪問」など、それぞれの地域で高齢者に対する見守り活動が行われています。しかし、地域から孤立した状態で暮らしている高齢者が、誰にも看取られずに死亡し、数日経ってから発見されるといったことに象徴されるように、核家族化の進行に伴う家族の介護機能などの低下や都市化の進展による地域コミュニティの希薄化などはさらに進んできています。すなわちひとり暮らしの高齢者など高齢者のみの世帯や要支援・要介護認定者、認知症の増加など、援護を必要とする高齢者が増加しており、これまでの活動方法では、十分な見守り活動を行うことができなくなってきています。

● 地域課題の解決の方法

広島市および周辺地域特有の課題の解決方法を簡単にまとめると次の通りだと考えています（図2、図3）。

産学官医連携による高齢者見守り支援システム（製品）の研究開発により、
・ＩＣＴによる地域経済の発展：ＩＣＴを利活用した医療福祉関連分野の新産業創出・発展
・ＩＣＴと他分野技術の融合：関連分野への経済波及効果とビッグデータの利活用
・ＩＣＴによる高齢者が健康で自立して暮らせる社会の実現：高齢者が活躍し続ける社会の実現を行い、
・広島市および周辺地域特有の課題１：自動車関連産業への地域経済依存
・広島市および周辺地域特有の課題２：社会活力低下につながる要介護高齢者増加の解決を図る。さらに高齢者見守り支援システムの研究開発を実施することにより、
・ＩＣＴの発展・向上、
・人材育成、
・地域公立大学のポテンシャルの向上
に寄与することができる。

国は「新成長戦略」で、超高齢社会に対応する医療・福祉関連分野を最重点の成長分野の一つ

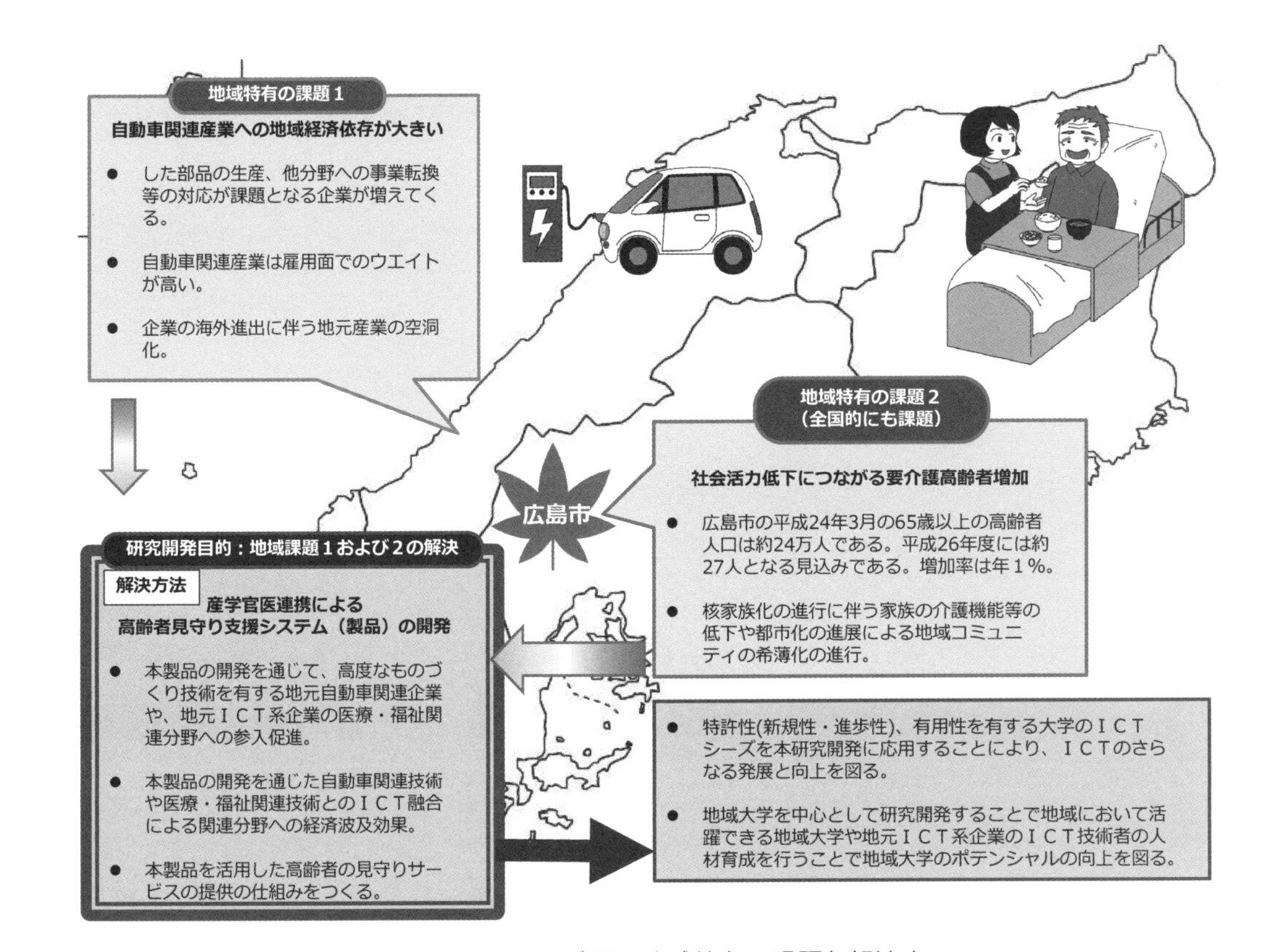

図2　広島市および周辺地域特有の課題と解決案

と位置づけています。医療・福祉関連分野の製品開発には高度な技術力が必要とされますが、広島の自動車関連企業は、長い年月をかけて培われた安心・安全・高品質を実現する優れたものづくり技術力を有しており、医療・福祉関連分野へ転用できる技術も少なくありません。このような技術と大学で研究開発された医療・福祉関連分野の研究シーズを活用し、さらに病院などの医療機関やICT企業と連携し、新たなビジネスモデルを創出することにより、自動車関連企業の医療・福祉関連分野への参入を促進することができます。

また、開発したシステムを活用した高齢者の見守りサービスの提供の仕組みを作っていくことができます。

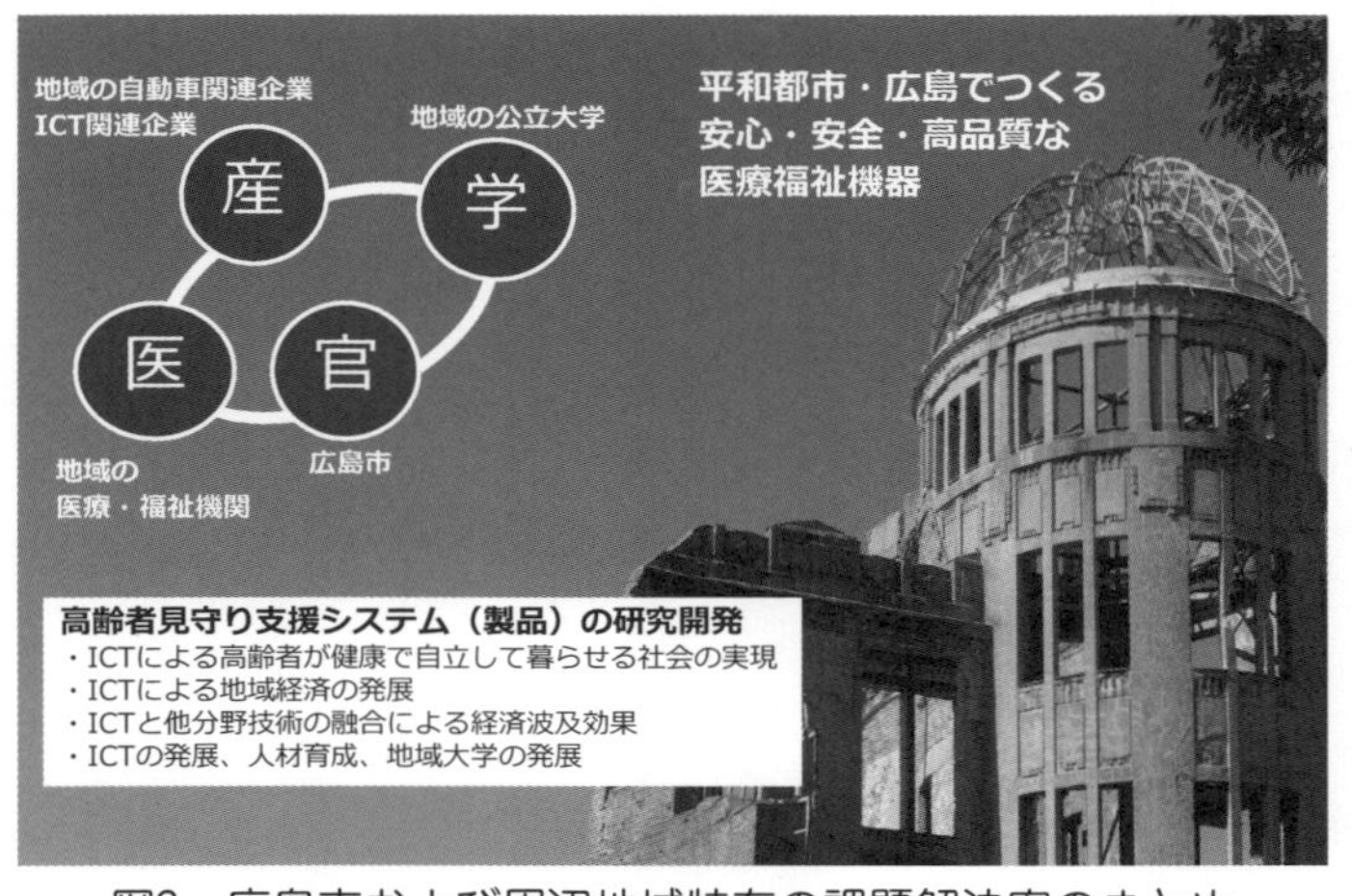

図3　広島市および周辺地域特有の課題解決案のまとめ
（出典：http://blue-wind.net/place/広島市/原爆ドーム）

●他機関における関連研究開発の状況と本支援システム優位性

他機関における関連研究開発の支援システムは、ボタンやペンダントタイプなどの通報装置により、高齢者自身が不調を感じたときや倒れて動けなくなった際に、自らボタンを押して発信することにより、緊急の対応を要する状態になったことを見守り者に知らせるものです。

一方、**本支援システムは、高齢者自らの発信操作を要することなく緊急事態に対応でき、かつ日常の生活リズムや生体信号の変化をとらえて、緊急事態が起こる前にこれを予防するものであり、既存の高齢者見守り支援システムとは異なります。**また本支援システムは、咀嚼計測機能によりメタボリック症候群対策などにも活用ができ、若者向けの健康見守り支援システムにもなります。他機関のシステムはそれを使うことで「高齢者を示すアイコン」となりますが、一方、本支援システムは「健康に対する意識の高い人を示すアイコン」となる点も他の高齢者見守り支援システムとは異なる点です。

ワイヤレス外耳デバイスの外耳（身体）に接触する部品をユーザーに合わせて装着感のよい形状や材質にすることでデバイスの装着による身体的な負担を減らす取り組みや、娯楽や健康などに関するコンテンツの充実によりデバイスの装着による精神的な負担を減らす取り組みも取り入れたいと考えています。本支援システムの価格や利用料金の低価格化を図るなど、ユーザーの身体的・精神的・経済的な負担を減らす取り組みも考えており、この点も他の高齢者見守り支援システムとは異なる点です。さらに本支援システムでは、特にアメリカ合衆国で活発な「ガバメント2・0」と呼ばれる活動をスマートフォンのアプリケーション開発に取り入れることによりネットを駆使して「市民の英知や能力」を最大限に活用し、低コストでも充実したサービスの実現を試みたいと考えています。

高齢者見守り支援システム：ICTとビッグデータによる高齢者が健康で自立して暮らせる社会の実現

本研究開発に係る高齢者見守り支援システムの構成案を図4に示します。ワイヤレス外耳デバイスで測定した医療健康情報を医療情報データベースに伝送・蓄積し、その情報から高齢者の体調の変化や緊急状態を検知して離隔地にいる見守り者などに伝えるとともに、蓄積した情報を活用して高齢者への健康指導を行うためのスマートフォン用アプリケーションやクラウドサービスを提供したいと考えています。このサービスにおいては、ユーザー（高齢者）によるスマートフォンの操作はできるだけ少なくしたいと考えています。さらに、人（高齢者）と人（地域の人々）とを結ぶ社会システム（地域コミュニティ）の構築を目指します。

本支援システムは、ひとり暮らしおよび高齢者のみの世帯で健康に不安があるが自立して生活

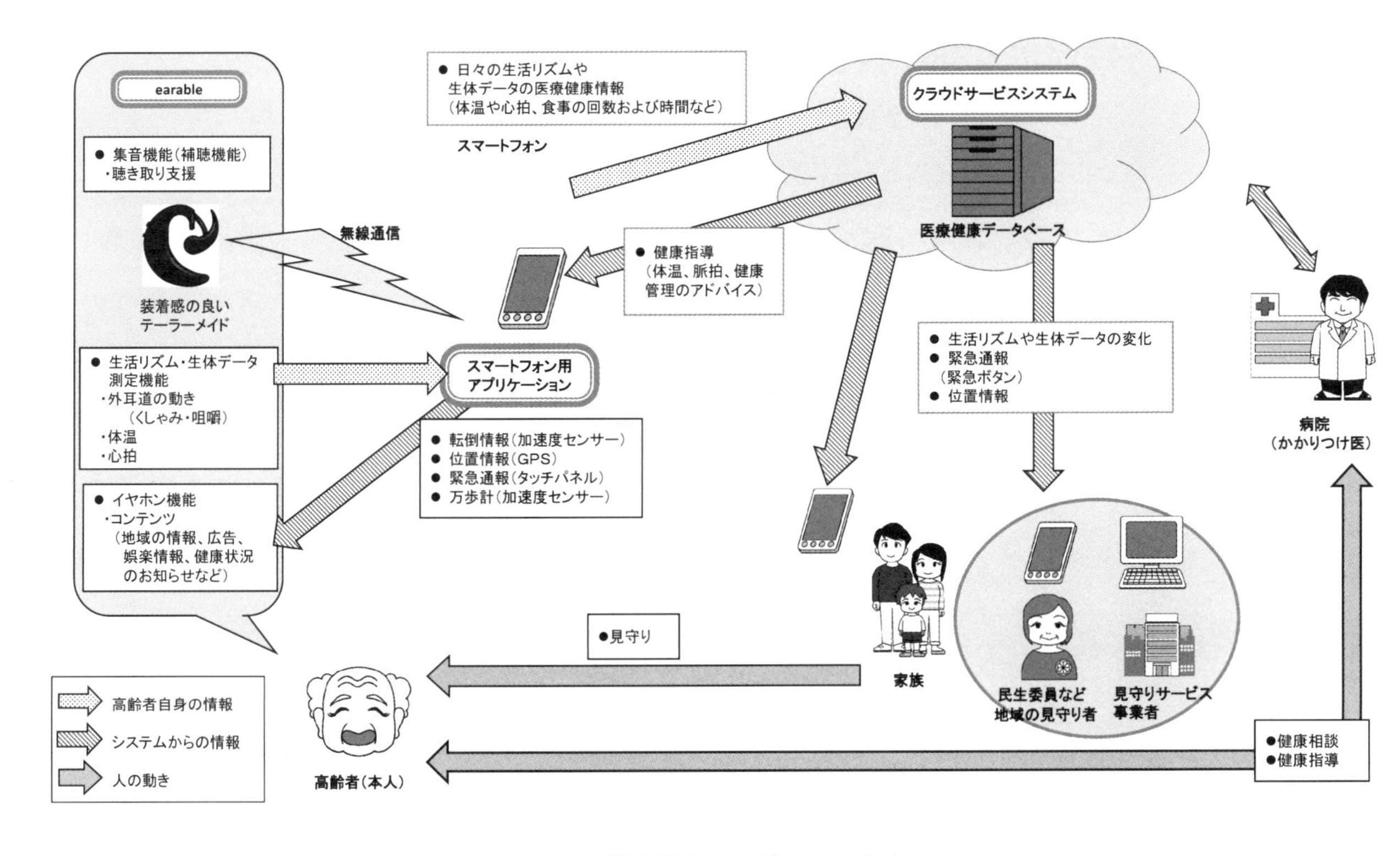

図4　高齢者見守り支援システム案

することができる高齢者をターゲットとしています。ワイヤレス外耳デバイスの開発はもとより、ワイヤレス外耳デバイスで測定した体温・脈拍・食事間隔などの生活・医療健康情報（特定多数の高齢者の医用ビッグデータ）をスマートフォン経由でサーバに伝送・蓄積し、その情報から高齢者の体調の変化や緊急状態を検知して、家族、かかりつけ医、見守り者などに伝えるとともに、蓄積した情報を活用して高齢者への健康指導を行うためのスマートフォン用アプリケーションやクラウドサービスシステムの開発を行う必要があります。なおスマートフォン用アプリケーションやクラウドサービスシステムはワイヤレス外耳デバイス以外の見守り用デバイスにも対応可能とし汎用性を高めることも大事です。また、開発した支援システムを活用した高齢者の見守りサービスを提供する仕組みを作り、域内の高齢化が進んだ地域で実証実験を行い、支援システムおよび構成製品などを改良するとともに、本支援システムの利用者同士や家族、地域の見守り者をネットワークで結ぶことにより新しい形の地域コミュニティを作り、人と人とが関わり合うきっかけや、助け合いができる仕組みの実現を図ることも大事です。さらに本支援システムを広告媒体として活用することによる広告収入により利用料金の低価格化を図り普及に努めなければならないと考えています。ワイヤレス外耳デバイスは、高齢者の生活リズムや生体データを測定する機能をもちます。外耳に接触する部分をユーザーの外耳形状に合わせてテーラーメイドすることでデバイスの装着による身体的な負担を減らすことが大事です。また外観のデザインの洗練とコンテンツの充実によりデバイスの装着による精神的な負担を減らすことも大事です。

社会全体での本支援システムの価値

インターネットは既に完成し熟成期に向かっています。ところがモバイル環境がここまで成熟し、クラウド環境がどんどん豊かなサービスを実現している今もまだ多くの未開拓領域が育っています。

その一つがウェアラブルコンピューティングです。心拍数、体温、血圧、体脂肪率などの「生体データ」、食事や位置情報などによる「生活パターン」、表情認識などによる「感情」を測定することができ、さらにハンズフリーリモコン機能で両手がふさがっていても、もしくは手に障がいがあったとしても使用可能な「アクセスブルデザイン」を考慮したヒューマンインタフェース機能」を持つウェアラブルPCおよびそれを用いたサービスを社会に提供することにより以下の社会的価値を実現することができます。

①　しなやかで弾力的な生活の実現

病気や加齢に伴う機能低下を未然に防止するとともに身体機能などを適切にサポートすることで健康寿命の伸長をはかり、コミュニケーションと社会参加、高齢者が健康かつ終身現役でその能力により社会貢献することが実現できます。

② 家族・地域ぐるみのつながりの再生

少子高齢化が進展し、生活の糧を求めて農村から都市への移住が盛んになると、核家族化がさらに進展すると見込まれます。こうした中で、離れて生活している家族が互いの存在を身近に感じ、感情を共有できる遠隔コミュニケーション手段を実現できます。また、健康寿命を延ばし、人生を楽しむ社会を実現するため、地域ぐるみの教育や食などを活用したシステムを開発できます。

③ 快適で安心・安全な生活を支えるスマートネットワークの実現

快適で安心・安全な生活を実現するため、自然な操作感を備え、人と人との距離を縮める新たな通信技術等を備えたシステムをデザインすることができます。

④ 感性文化発信

earable 技術を発展させ、五感や感情などの見えない感性を、目に見え、人に伝えられる形にする技術を開発することにより、触れる者が幸福を感じられる魅力的で感性に訴える支援システムやサービスを作ることができます。本支援システムやサービスにより、人間同士、人間とモノの新たなコミュニケーションの方法が生まれ、今までにない新しい発想で、感性文化の発信が可能な社会になります。

終わりのないサービスの発展

サービスにおいてはゴールがあるわけではなく、利用者のニーズをふまえ日々発展させていく必要があります。また、サービス用コンテンツの発展を促すため、アプリケーション開発者やコンテンツホルダーがサービスに参画しやすい環境を整える必要があります。たとえば、対応アプリケーションの開発を容易にする必要があります。我々の提供するプラットフォームに各社が開発するアプリケーションなどを組み合わせることで、多様な用途に活用できるようにする、運輸業、旅館業、金融業、小売業、製造業、電気・ガス・熱供給・水道業、情報通信業、医療・福祉などの他業種や行政との連携を図りサービスを充実させることが大事だと思います。

第5章

噛む

―スポーツ・美容・教育への貢献を目指すearable

咀嚼データを計測するウェアラブルデバイス

●「噛む」を測って可視化するイヤホン型デバイス「LOTTE RHYTHMI-KAMU（ロッテリズミカム）」

「噛む（咀嚼）」は、口の中で食物を細かく砕いて、食物を唾液と混ぜ合わせる行為です。人が生きるために必要な栄養を摂取するためにもとても重要な行為です。また、ご飯をしっかりと咀嚼すると甘みが増すように、しっかりと咀嚼することでデンプン質を含む食物の味が引き立ちます。咀嚼により食物を細かく砕くことで消化器の負担を少なくできます。このように咀嚼は、食物を飲み込んだあとの消化を助けたり、食物を味わったりする上で欠かせない行為で、人が健康的に生きるために必要な行為だといえます。

一方、食事を目的としない咀嚼行動も、古来より世界各地で確認されています。たとえば、ガムの発祥とされるマヤ文明の住民たちは、サポディラという巨木から採集した樹液を煮込み、それを固めたものを噛む習慣をもっていました。もしかしたら、古代人は咀嚼という行為が人の体にもたらす様々なよい影響について、本能的に気付いていたからなのかもしれません。さらに近年、咀嚼と脳活動との関係の研究も行われるようになりました。

この**「噛む」を測ることができるのが「LOTTE RHYTHMI-KAMU（ロッテリズミカム）」と**

いうデバイスです。ガムをはじめとするお菓子を通じて「噛む」ことに65年間取り組んできた㈱ロッテと我々が開発しました。〝噛むことの大切さ〟を多くのみなさんに楽しみながら知ってもらうためのウェアラブルデバイスです。

●ロッテ リズミカムの主な特徴

ロッテ リズミカムの主な特徴は次の4つです。ロッテ リズミカムの外観を図1に示します。

① **「噛む」を測るイヤホン型デバイス**―耳に装着するだけで咀嚼運動を計測可能―
② **「噛む」と光るイヤホン**―咀嚼という日常行為の可視化で〝新しい体験〟を提供―
③ **「噛む」データをライフログとして記録**―日々の咀嚼データを保存／グラフィックスによる可視化―
④ **「噛む」でアプリを操作できるインターフェース**―音楽プレイヤーをハンズフリーで遠隔操作―

ロッテ リズミカムは図1の通りイヤホン型デバイスです。咀嚼計測用ウェアラブルデバイスとしては、今までにない世界でもとても珍しい形状です。**この形状**

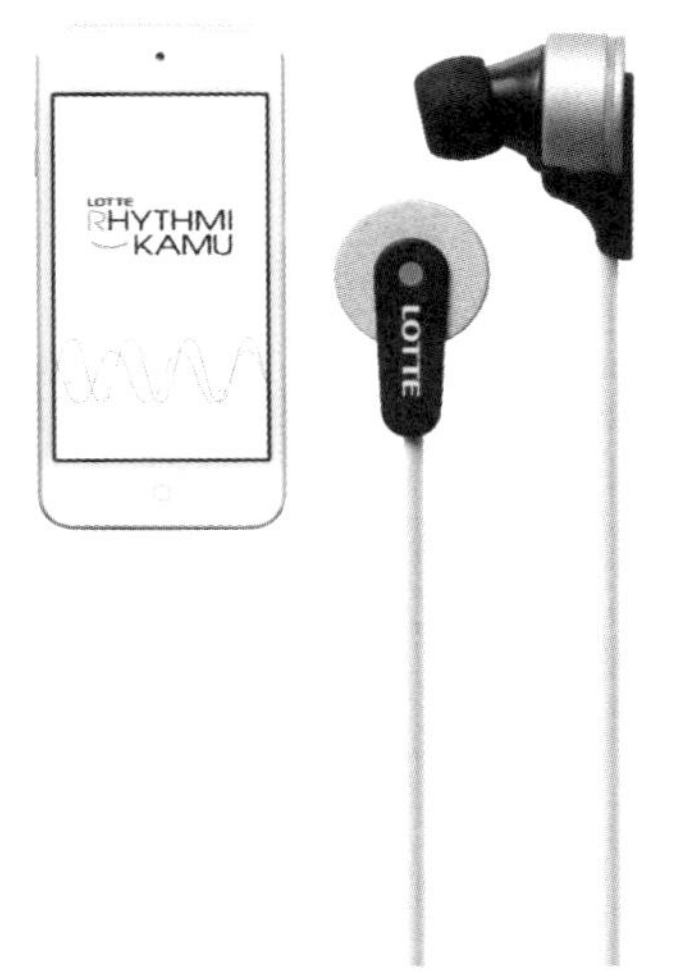

図1　ロッテ リズミカムの外観
協力：（株）ロッテ

はearable技術を活用することで実現できました。さらに詳しくその特徴をみていきましょう。

①「噛む」を測るイヤホン型デバイス／②「噛む」と光るイヤホン

ロッテ リズミカム（カナル型イヤホン部分）を耳につけると、噛む度に、無線でスマートフォンアプリに噛むデータが送られます。噛んだ数、スピード、リズムを簡易に計測することができます。また、噛むたびに、イヤホンから「ピコ」と可愛い効果音が鳴り、咀嚼をしている人が自分の咀嚼のスピードやリズムを聴覚情報として体験できます。さらに、イヤホンには緑色のLEDが内蔵されており、噛むたびにそのLEDが点滅します。スマートフォンにも噛んだ数、スピード、そして噛む波形が表示されます。図2（a）の13094 Biteが噛んだ回数の合計、65 Bite/minが1分間あたりの噛むスピード（分速）、01:23:20は時刻です。ロッテ リズミカムに表示される波形は、通常の縦軸が噛む強さ、横軸が時間を表示するモードとスパーク表示の2種類があります。スパーク表示画面に切り替えると、咀嚼のたびに画面がスパークします（図2（b））。

(a)

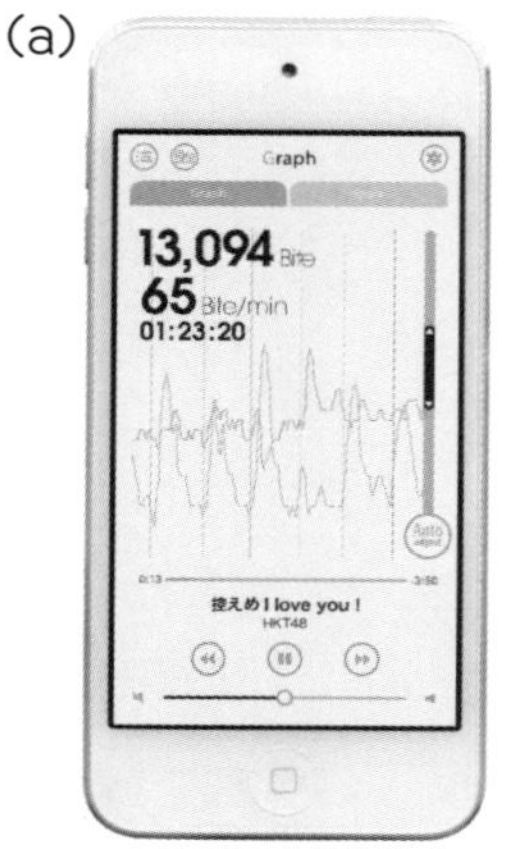

(b)

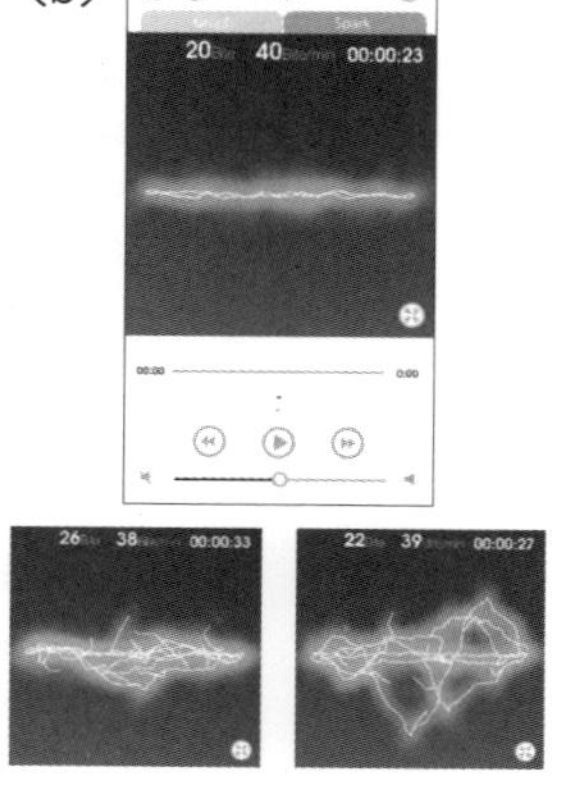

図2　ロッテ リズミカムの表示画面
協力：（株）ロッテ

ロッテリズミカムは、「噛む」行為を個人で視覚的・聴覚的に認識するだけでなく、イヤホンの点滅やスマートフォン表示により周りの人々と共有することもできます。ロッテリズミカムにより「噛む」を見える化することで、食習慣を見直し、健康状態から脳の働きまで様々なことに役立てることができると考えています。

ロッテリズミカムのカナル型イヤホン部分で咀嚼を計測し、アプリなどで咀嚼を判定している部分に、口の動きを耳で計測するというearable技術が用いられています。

ロッテリズミカムは2回連続でリズミカルに噛むとスマートフォンに入っている曲の再生、再生中に2回連続で噛むと曲の停止ができるようにしました。つまり、噛むことで曲の再生と停止をコントロールすることができます。この機能もearable技術の一つであるハンズフリーコントロール技術を用いたものです。この機能は、目でスマートフォンのディスプレイを見なくても、また手で操作しなくてもいいのでとても便利です。

③「噛む」データをライフログとして記録

ロッテリズミカムは、噛むデータを集めることで、咀嚼と人間の様々な関係を明らかにしていくことができます。咀嚼と人間の様々な関係を明らかにしていくことで、医療、スポーツ、美容、教育など、様々な分野の研究に役立ちたいと考えています。

図3はロッテ リズミカムのスマートフォンアプリの操作画面です。メインボタン（Main）を押

すと図2の画面が表示されます。ログボタン（Log）を押すとロッテリズミカムがライフログとして保存／蓄積した咀嚼計測データを見ることができます。例えば1日の咀嚼回数を時間ごとにグラフ表示したり、日毎の集計グラフを表示することができます。

④「噛む」でアプリを操作できるインターフェース

次項で詳しく説明します。

「LOTTE RHYTHMI-KAMU」の仕組み

● 日常生活の中で使い易い設計

図4はロッテ リズミカムのプロトタイプの写真です。図5はプロトタイプの構成を示す図です。

(a) (b) (c) (d)

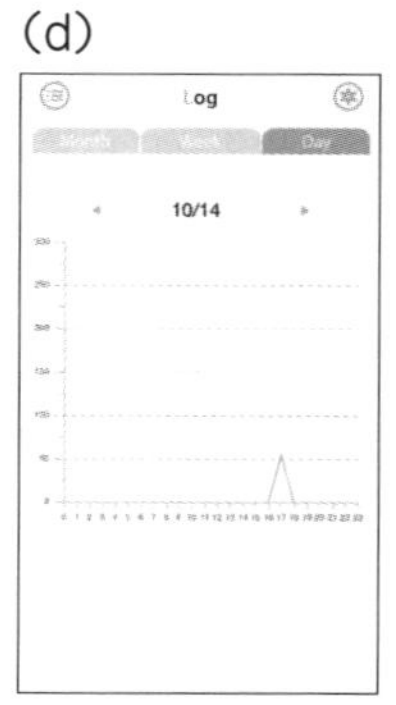

図3　ロッテ リズミカムの操作画面（a）とログ表示画面（b）（c）（d）
協力：（株）ロッテ

ロッテリズミカムは、「イヤホン部」、「中継器」、「スマートフォン＆専用アプリ」により構成されています。イヤホン部と中継器は、ケーブルで繋がっています。スマートフォンと中継器は無線（Bluetooth）もしくはイヤホンジャックコードで繋がっています。今回のプロトタイプでは、中継機および

図4　ロッテ リズミカムのプロトタイプの写真
協力：（株）ロッテ

図5　ロッテ リズミカムのプロトタイプの構成図
協力：（株）ロッテ

スマートフォンをアームバンドと一体化した仕様にすることで、日常生活の中で使い易い設計になっています。

● イヤホン部

イヤホン部に内蔵された咀嚼センサー（光学式距離センサー）が咀嚼を計測します。ここには、**外耳道が動くことで、光学式距離センサーが発した赤外光の光量の戻り値が変化し、その起伏を捉えて咀嚼を検知するearable技術が用いられています。**イヤホン部には、咀嚼センサーのほかに、スピーカーとLEDが内蔵されており、さらに耳の穴のサイズに合わせて交換可能なイヤピースが準備されています。搭載されているスピーカーで音楽が楽しめ、LEDにより咀嚼を視覚的に認識でき、交換可能なイヤピースにより長時間の使用でも耳に疲れが溜まりません。イヤホン部の重さは片耳4・1グラムです。

● 中継器

イヤホン部で計測した咀嚼情報を処理するバッテリー内蔵の演算ユニットです。咀嚼を外耳道の変形に置き換えて取得した波形を、閾値アルゴリズムから測定し、スマートフォンにデータを転送しています。使用状況にもよりますが、バッテリーは2時間程度持ちます。中継器はアームバンドで腕に取りつけることができます。また、スマートフォンを中継器の上に固定することも可能です。

● スマートフォン&専用アプリ

中継器で情報処理された咀嚼データは、Bluetoothでスマートフォンにほぼリアルタイムで転送され、咀嚼のタイミングや回数が専用アプリに表示されます。噛むタイミング、噛む回数、噛むスピード、リズム、噛む波形の表示のみならず、咀嚼データログの収集も可能です。また曲の再生や停止もできます。スマートフォンアプリをまとめたものを図6に示します。

「LOTTE RHYTHMI-KAMU」の可能性

● 健康支援機器—咀嚼計測—

従来から健康管理に用いられているカロリー管理や運動量管理と、ロッテリズミカムの咀嚼分析を組み合わせることで、咀嚼量、食事時間、食事回数などがわかり、今までにない新しい健康支援機器になります。

また、これまで、なかなか測定できなかった日常生活での咀嚼計測が容易にできるようになっ

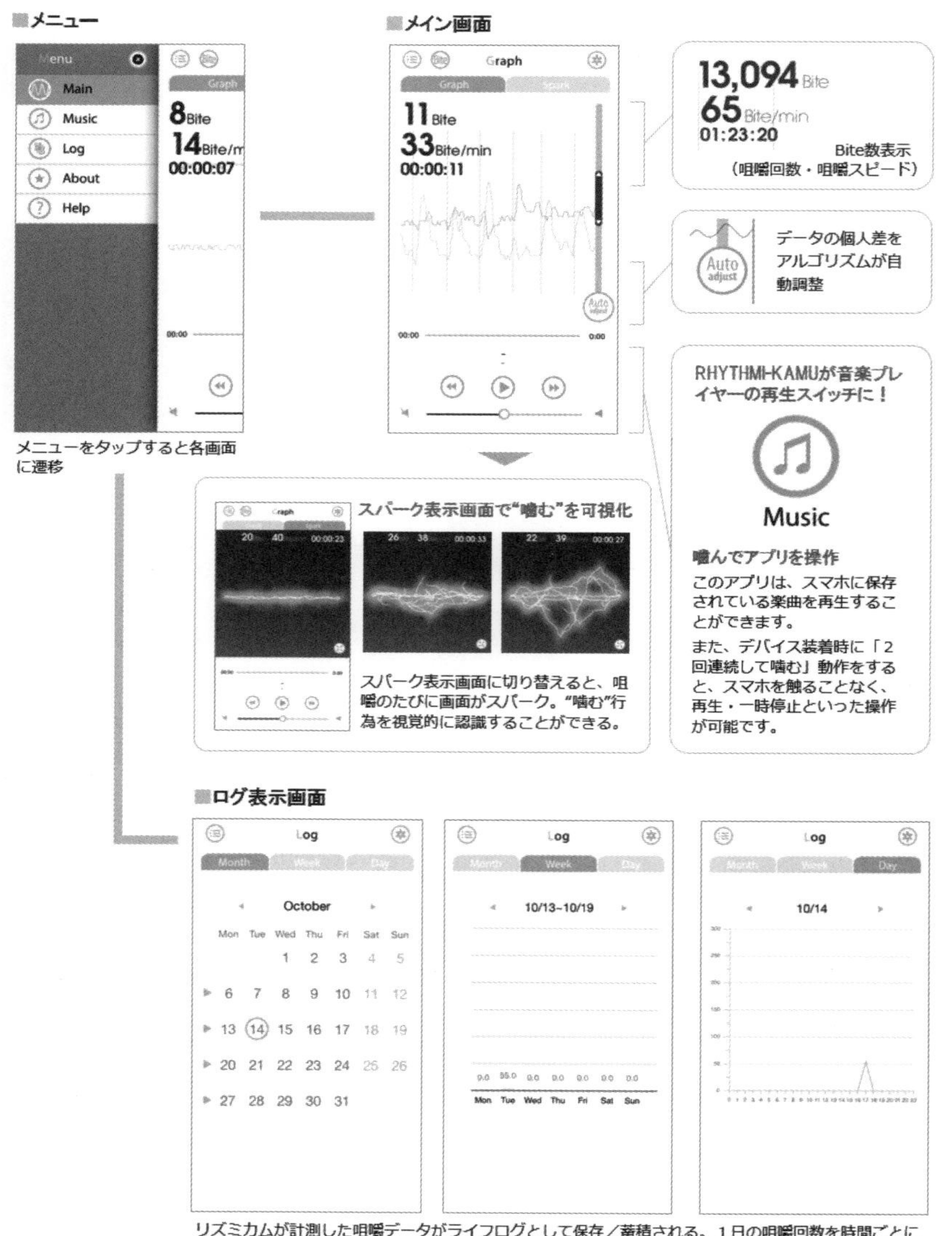

図6　ロッテ リズミカムのスマートフォンアプリ
協力：（株）ロッテ

たことから、咀嚼と身体との関わりをより深く科学するための専門機器にもなります。

●誰でも使える機器―表情変化だけで機器操作できる―

咀嚼だけで手を使わなくても機器の基本操作ができますので、手の不自由な人もそうでない人も分け隔てなくみんなが使えます。また音声入力操作と違い、言語を使いませんので、世界中の人々が文化（言語）の壁を越えて使うことができます。さらに、咀嚼や表情などの日常の何気ない顔の動きも計測でき、その結果を用いてユーザーの生活を見守ることも将来可能です。

参考資料　ロッテ リズミカムの仕様

リズミカムができること

計算できるデータ	咀嚼のタイミング、回数、スピード
インタフェース	素早く2回噛むなどの動作で、音楽プレイヤーの再生を制御可能

デバイス仕様

外形寸法	16.4（W）×26.5（H）×24.7（D）mm（イヤホン部／片耳）
重量	4.1g（イヤホン部／片耳）
通信方法	Bluetooth4.0LE
音声入力プラグ	φ5.5mm ミニプラグ
電源	充電式リチウムイオン電池（microUSBより充電）
電池寿命	約2時間（使用状況に応じて異なります）

アプリ

対応OS	iOS7以上※対応OSは順次拡大予定
データ転送	100ms 前後
通信方法	Bluetooth4.0LE

第6章

楽しむ

——感動から始まるearable

earableで感動が生まれる

earableは、感動を基盤にした楽しさを提供する装置にしたいと考えています。いい換えれば「感動を生む装置」を実現しようとしています。本節ではearableが実現しようとしている「感動を生む装置」とは何かを、第1章、第2章で紹介したearableの機能をさらに詳しく、具体例を出しながら説明します。

●星座アプリ

「星座アプリ」(第1章)は、夜空に顔を向けるだけで、ユーザーの顔の向きと位置情報をearableのセンサーで読み取り、さらに日時と気象庁のホームページの気象情報などのアクセス結果をふまえて、眼前に広がる星座の物語をBGM付きのガイダンスで楽しむことができるようにしたいと考えています。earableには、マイクとスピーカーが内蔵されているほか、光学式距離センサー、体温センサー、脈波センサー、加速度センサー、傾きセンサー(ジャイロ)、地磁気センサー(コンパス)、気圧センサーも内蔵されています。さらに、振動装置、無線通信装置、GPS装置、処理装置(小型コンピューター)、記憶装置、電池も搭載されています。星座アプリは、GPS装置でユーザーが地球上のどこにいるのかを割り出します。そして気圧センサーでユーザーのいる高度を計測します。地磁気センサー（コンパス）でユーザーがどの方角を向いているのかを計測し、傾きセンサー（ジャイロ）で空を見上げている顔の角度を計測します。GPS装置と気圧センサーにより求めたユーザーの現在位置とネットワーク上のデータベース装置に蓄えられた地図により、その人が明るい街の中にいるのか、暗い森の中にいるのか、ビルや木で空が見えにくい場所なのか、広場で空が広く見える場所なのかを推定することができます。これらのユーザーのいるロケーション情報に加え、日時、気象状況（天気、気温、湿度、大気中のゴミの量、風向き）などをふまえて、見える星座を教えてくれます。星座の知識がなくても、七夕やギリシャ神話などの星座物語、流星群などの世紀の天体ショーを気軽に楽しむことができます。また、星座アプリを使っている人同士を通信網でつなげれば、隣で一緒に星座を見ている人だけでなく、通信網を通じて離れている人同士で星座を一緒に楽しみ「共感」することができます。earableを使えば、年齢、性別、国籍などを超えて人と人とがつながることができ、そして感動を共感することができます。

図1は、星座アプリを使って同じ流れ星を見てい

図1　星座アプリのイメージ

る北海道の男性と大阪の女性が音声で会話しているイメージです。たとえ会話をしなくても、星座を見ながら、earableのスピーカーから同時に同じBGMを一緒に聞くだけでも共感が深まると思います。

実は、人と人とが言葉でわかり合うことは、案外難しいことです。言葉を尽くして話をしても、お互いの思い違いで喧嘩になることもあります。また使用する言語や文化が違うとお互いにわかり合うことはさらに難しくなります。言葉を使わない共感」も実現したいと考えています。言葉を使わなくても、天体観測のように大自然の生みだす偶然の美に同時に触れたとき、何もかも忘れて他人同士の心が一つになり、共感し感動を生むことがあるように思います。星座アプリはこんな感動を生みだすものになればと考えています。

●一言アプリ

「一言アプリ」は、音声コメントをネット上に記憶するシンプルなアプリです。「一言アプリ」を使えば、今生きている人同士だけでなく、故人と生きている人の間でも時を超えて共感を実現することができます。一言アプリの使い方は簡単です。アプリを起動させて一言なにかコメントを発声するだけです。一言アプリはマイクから音声を取り込み、同時にGPS装置と気圧センサーにより場所を特定した結果、傾きセンサー（ジャイロ）と地磁気センサー（コンパス）で顔の向きを検出した結果、表情センサーと脈波センサーを用いた感情推定した結果、日時や気象条件をネット上のデータベースに記憶します。この記憶した情報は、許可を得た他人が自由に入手することができます。

一言アプリの使用例を紹介します。春、なんだか満開の桜の花が自分の方を向いて「がんばれ！」と応援してくれているようです。「綺麗だ。ありがとう。」とつぶやいた後、一言アプリを起動させ「さっきのコメントを記憶」といえばデータベースにコメントが記憶されます。一言アプリをearableにインストールすると絶えず音声が自動的にメモリー装置に録音されるようになります（ただし一定時間以上前の音声は削除されます）。このメモリーに記憶された音声からコメントを取り出しデータベースに記憶します。

その数十年後、その本人が他界し、その本人の子供がその桜の近く偶然に通りかかったときに、earableから「お父様のコメントが残っています。聞かれますか？」との音声が出力されます（図2）。このように、一言アプリを使えば、時を超えて自分の子供にコメントを伝えることができます。もし私なら、「ああ、おやじも自分と同い年の頃、この場所で

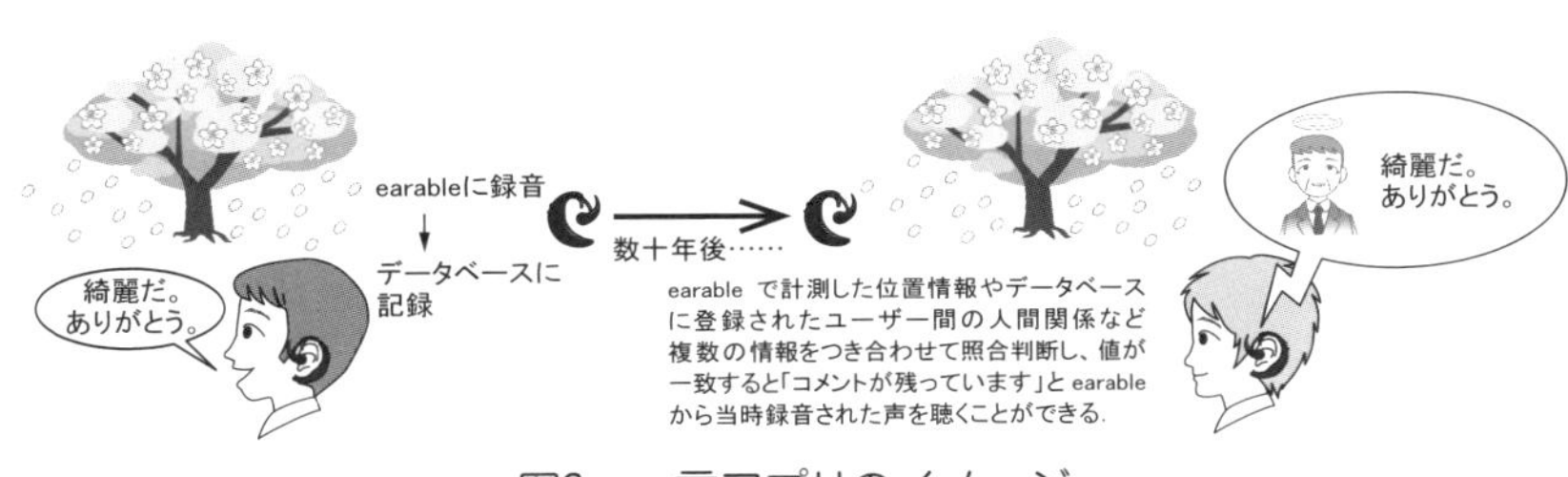

図2　一言アプリのイメージ

この桜を同じように見てたんだな。今でも綺麗だ。」というふうに感じることでしょう。一言アプリを使えば、時を超え、親子で共感を生み、家族の絆を深めることができると思います。「一言アプリ」のコメントは子供だけでなく、孫、数百年後の子孫も聞くことができます。一言アプリには、特別な言葉ではなく、日常で何気なく思ったことや感じたことを残していくだけで、自分の心のエッセンスを未来に残し、自分のことを気にかけてくれる人に、それを知ってもらうことができます。

●気遣いができるコンピューター

続いての例として、earable が目指している「気遣い」について「道案内機能」（第2章）を使った具体例を挙げます。我々は、earable のプロモーションビデオ「一人旅」を YouTube にアップしています（http://youtu.be/s-Gvnnyz7y4）。このプロモーションビデオでは、一人旅をしている女の子が earable に音声で道案内をしてもらっています。その女の子はどこからか飛んできたシャボン玉を追っかけて、道案内の方向とは違う方向に行ってしまいます。通常のナビゲーション装置なら、即座にルート計算をやり直し適切なルートを指示してくれます。しかし、プロモーションビデオの中で earable は、道案内の方向とは違う方向に女の子が行ったにもかかわらず何も指示をしません。女の子がシャボン玉を追っかけて遊び終った後、「迷っちゃった」といってから、適切なルートの指示を始めます。これはearableが、道案内よりも女の子のシャボン玉を追っかけて遊びたいという気持ちを「気を遣って」優先したからです。もし、シャボン玉を追っかけて遊んでいるときに、しつこく道案内されたらきっと楽しくないのではないでしょうか。この道案内機能は、ＧＰＳ装置と音声認識の単純な組み合わせではなく、ユーザーの好みを統計学的に処理し、その結果に基づいた「気遣い」にする必要があると思います。earableに搭載された脈波センサーでユーザーの脈波を測定し処理することによりその人のストレス度を検知することができます。ストレスを軽減するようにユーザーの性格や好みに合わせて、earableの気の遣い方を変化させていく機能をつけるとよいと思います。

また、「道案内機能」に「音楽再生機能」を連動させると、さらに楽しくなると思います。例えば、時代劇が好きな人に対しては、有名時代劇のオープニングテーマ曲を道案内時のＢＧＭとして流してもよいと思います。具体的には真田信繁（真田幸村）ゆかりの上田城にＪＲ上田駅から道案内機能を使って徒歩で移動するとき、上田城は池波正太郎の真田太平記で有名な城ですから、道案内時のＢＧＭにＮＨＫ大河ドラマの真田太平記のオープニングテーマを流すと喜ばれるかもしれません。ちなみにＪＲ上田駅から上田城までは徒歩15分ぐらいの距離です。

ほかにも、たとえば、ユーザーが学生時代に下宿していた付近を通るときは、学生時代によく聞いていた音楽を流して過ぎさった時代を懐かしむことを演出することもできます。そもそも、ユーザーが学生時代に下宿していた付近ですから道案内機能は不要かもしれませんが、earableの道案内は、単純に道を案内するのではなく、ユーザーそれぞれの「思い出（心の中にある道）」も案内できればと考えています。心の中の道とは、その人がそれまで歩んできた人生のなかで作られた見方や考え方です。学生時代によく聞いていた音楽により過ぎさった時代を懐かしむことで昔の自分との対話が生まれると思います。

●知識の補完

最後に、earableで行える「知識の補完」について「イベント解説機能」（第2章）を例に挙げて説明します。イベント解説機能は、位置情報をもとに、ユーザーにイベントの解説を行う機能です。例えばユーザーが歌舞伎を鑑賞しているとき、舞台の進行に合わせて解説を流したり、携帯電話を自動でマナーモードにしたりすることができます。サッカーや相撲などのスポーツ、京都祇園祭や隅田川花火大会などのイベントなど、ユーザーの居る場所でその時間に行われているイベントに対応した情報を提供します。具体的には、ユーザーがearableをつけ、近松門左衛門の曽根崎心中を歌舞伎座に見に行くとします。行きの電車の中などで、「此の世のなごり。夜もなごり。死に行く身をたとふれば、あだしが原の道の霜」で始まる、曽根崎心中において有名な道行の最後の段の解説をしたり、曽根崎心中が上演禁止となった時代の八代将軍・徳川吉宗の施策や当時の風俗など時代的な背景の解説をしたり、上演中の舞台の進行に合わせた解説をしたりすることにより、ユーザーの「知識を補完」することで、曽根崎心中をより一層楽しめるように支援します。また、たまたま出張で大阪駅に行くときには、道案内機能との連動により「先日ご覧になった曽根崎心中の題材となった事件の現場はこの近くにある露天神社です」などの観光情報を提供してくれると、偶然通りかかった場所と過去の経験が意図せず関連づけられて、楽しさが倍増すると思います。イベント解説機能のように体験前に「知識の補完」がなされ、さらに道案内機能との連動により体験後にその経験を強化する体験を提供してくれる機能があると、体験から得られる感動がより深いものになると思います。

以上の例のように、earableは、感動を生むために「共感」「気遣い」「知識の補完」を大事にしています（図3）。

交通情報やグルメ情報

earableをつけている人の行動や好みなどのデータを匿名化し分

図3　earableは「共感」「気遣い」「知識の補完」で感動を生む

協力：オリエント工業

析することで、ユーザーに便利なサービスを提供したいと考えています。「路線案内・交通情報提供機能」（第2章）や「グルメ情報提供機能」（第2章）は、そのサービスに当たります。

「路線案内・交通情報提供機能」は、音声で目的地をいえば位置情報を基に、音声を用いて道案内や路線案内をしてくれるアプリです。また電車やバスの遅延、交通渋滞などの交通情報も提供してくれる機能も含みます。日本道路交通情報センターの渋滞情報や気象庁からの気象情報のみならず、earableを利用している特定多数の過去と現在のデータを分析した結果から得られた渋滞の傾向や利用経路の傾向、ユーザー個人の履歴や好みなどを総合的に判断して、そのユーザーにとって心地良い最適な路線案内・交通情報を提供しようというものです。例えば私は、電車を選ぶとき、早く到着するものより、座席に座れるものを選びます。また東京駅は広くて道に迷うので、東京駅は利用せず、比較的規模の小さな駅で電車を降りて乗り換えるルートを選択しています。こういったその人特有の好みを学習して反映するサービスが必要だと考えています。さらに災害時には、最も安全なルートの提供をしてくれるサービスも必要だと思います。

「路線案内・交通情報提供機能」に加え、「観光ガイド機能」、「イベント解説機能」、「地域イベント情報提供機能」「お買い得情報・売り場ナビ機能」（第2章）を併用するとよりいっそう便利になります。

「観光ガイド機能」は、ユーザーの位置情報を基に公共交通機関や旅行会社、そしてSNSなどの情報を利用者に提供する機能です。例として、一人旅をしている女の子が広島市の原爆ドームのガイドをearableから受けているとします。すると、「左手に見えますのが原爆ドームです。元は広島県物産陳列館として開館し、原爆投下当時は広島県産業奨励館と呼ばれていました。」とearableが女の子に解説します（図4）。女の子が向いている方向や位置をコンパスやGPSで検出することで「左手に見えますのが」といった具体的な方位を解説につけ加えることができます。

「地域のイベント情報機能」は、ユーザーへこれから行われるイベントの予定を、ユーザーの位置情報と過去の位置の履歴をもとに提供する機能です。例えば、ある神社のそばを通ったとき「来週の土曜日18時から神社で夏祭りがあります。」といった情報を音声で伝えてくれます。この地域イベント情報は、地域の人と人との繋がりを深める効果も狙っています。人は、精神的にも一人では生きていけません。しかし、人と人との付き合いの煩わしさなどもあり地域コミュニティの低下が問題となっています。個人情報を出すことなく公共性の

図4　観光ガイド機能のイメージ

高い地域イベントをベースに地域内に居住する住民相互にとって有益な情報共有を図り、協力関係や信頼関係の構築に役立てていきたいと考えています。

「お買い得情報・売り場ナビ機能」も合わせて上手く活用すれば人と人との交流を生むことができます。スーパーでのお買い得情報、レシピ情報を取得し、そのレシピに必要な材料を揃えるための店内ナビゲーションなどの機能を自由自在に使いこなすことができます。表情の他にもearableの操作は、「首の動き」や「音声」でも可能です。この店内ナビゲーションには、人と人との交流を生む動線誘導（知り合い同士が自然な形で店内にて会えるようにナビゲーションする）機能をつけることができると思います。半額商品を買っているときには知り合いに会いたくないので、その辺の気遣いは必要だと思いますが、地元の友達とスーパーで出会うだけでも地域コミュニティの活性化に役立つと思います。

グルメ情報提供機能についても第2章で紹介したように、ユーザーにお店の開店・閉店状況や自分と味の好みが似ている人がどういったお店を利用しているのかといったような傾向情報を得ることもできます。例えば、私は、広島市内の某お店の汁無し担々麺が大好きです。私と同じようにこの店の味が好きな人が、他のどんなお店を贔屓にしているのかをグルメ情報提供アプリは教えてくれます。また、お店の混み具合や人気メニューの情報、予約機能などのサービスのみならず、アレルギーやその日の体調などをふまえた献立の提案もしてくれます。

「グルメ情報提供機能」に加え「食事管理機能」を用いて、長期的な健康管理をするのもよいでしょう。食事管理機能は、earableの光学式距離センサーで計測したデータを基に咀嚼運動を計測します。咀嚼から食事の回数、食事の開始時間、食事にかかった時間、食事の間隔、咀嚼回数から食物の摂取量や胃腸への負担、そして精神的なストレスなどを推定し、糖尿病やメタボリック症候群などの生活習慣病を防ぎつつ、満足度の高い食生活が送れるように支援します。またデジタルカメラで撮影した画像とGPS情報などを使った食事ログを作成して、「グルメ情報提供」や「道案内・路線案内・交通情報」を自分用に設定や調整をしても楽しいと思います。また、earableがグルメ情報をユーザーに提供するときは、その人の食べ物の好みやダイエットの有無などに気を配った情報提供ができます。

運動を楽しむ

earableでランニングやトレッキングを楽しむための機能として、「運動管理機能」（第2章）が考えられます。運動管理機能は、運動を楽しく安全に継続して行うための支援機能です。例えば、脈拍センサー、体温センサー、加速度センサー、時刻、位置の情報を用いて、運動時間、運動強度（身体への負荷）、運動量などを測定し、日々の運動量を計算し、ユーザーに適切な運動を助言します。また運動中の測定データから、日々の体調に合わせた安全な運動を支援します。さらにゲーミフィケーションや身体リズムに合わせた音楽選曲などにより、運動が楽しく続けられるように支援します。「運動管理機能」に加えて「マッサージ機能」（第2章）を併用してもよいと思います。

「マッサージ機能」は、外耳にはツボが多く存在しますので、食べすぎ、肩こり、便秘、冷えなどに効果があるツボを振動装置により刺激します。ユーザーは運動しながらマッサージされるわけです。今までにない感覚が体感できると思います。また「道案内機能」や「地域イベント情報提供機能」などと併用することで、飽きが来ないようにランニングコースの設定などができると思います。

そのほか、earableの光学式距離センサーを使えば顔の運動の支援ができます。また、加速度センサーや傾きセンサーを使えば首の運動を支援することができます。表情筋や首の運動は、頬やあごをすっきりさせて小顔にする効果があります。earableを使えば、小顔や美顔になるトレーニングをゲームなどで楽しく毎日続けることができるようなります。また、表情筋をトレーニングすることで、表情が明るくなります。明るい表情は、自分とその周りの人の気持ちを明るくします。

ハンズフリーとアイズフリー

earableを使えば、40年ぐらい前のコメディドラマの「奥さまは魔女」のサマンサのように鼻や口をぴくぴくと動かすだけで、家電機器を動かすことができます。earableで、家事がもっと楽にそして楽しくなる時代が来るかもしれません。

earableはハンズフリー機能とアイズフリー機能を実現しています。earableのハンズフリー機能は、首の動き（加速度センサーの計測結果）、音声（マイクの計測結果）、そして意図的な表情変化（表情センサーの計測結果）によりスマートフォンやスマート家電、電気自動車のドアの開閉・エンジンスタート操作、健康機器の操作などに応用することができます。また、アイズフリーは自動車の運転など他の動作の邪魔になりません。そしてたとえ、手足に障がいがあってもこの機能を使えば、機器操作ができます。earableのように障がいの有無にかかわらず使用できる装置を「共用品」といいます。共用品・共用サービスとは、身体的な特性や障がいに関わりなく、より多くの人々がともに利用しやすい製品・施設・サービスをいいます。高齢化社会において共用品・共用サービスはとても重要になります。詳しくは、（公財）共用品推進機構のホームページをご覧ください（http://www.kyoyohin.org/）。

コラム　earable の技術の応用「手を使わなくても操作ができる携帯型音楽プレーヤー」(1)

earable の技術を携帯型音楽プレーヤーに応用すれば、目を閉じるだけで手を使わなくても音楽プレーヤーを操作することができます。操作方法は、携帯型音楽プレーヤーの操作ボタンが、ユーザーから見て右に曲飛ばし、中央に再生／一時停止、左に曲戻しと並んでいることから、ボタンを押す動作と瞬きとを関連付けて、右目を強く瞬きをしたときに曲飛ばし、左目のときに曲戻し、両目のとき再生／一時停止とすればよいと思います。この動作は簡単で短時間にできます。しかし、片目を閉じる動作は「ウインク」といい、広辞苑では「片目で瞬きをして目配せすること」とあります。(2) また、ウインクには男女間で好意を寄せる、誘惑するという文化的な意味もあります。ところがこの文化的な意味は、各国で異なります。例えば、イギリスでは挨拶の延長ぐらいの扱いです。日本では異性を誘惑する意味合いがありますが、気のある相手にウインクをしている人を見ることはめったになく日常的な動作ではないうえ、誘惑を意図するアイコンタクトの後にウインクしなければ誘惑の意味にはなりません。さらに新しい技術から新しい文化やジェスチャーの意味が生まれることもあります。以上の理由から、私は、ウインクの文化的な意味については問題視せず、採用してもよいと思います。我々は瞬きと携帯型音楽プレーヤーの操作が直感的に結びつかないため、この両者を結びつける方法として、アイコンを用いてユーザーに操作方法を考案しました。

我々は、アイコン用に図1に示すキャラクターを作成しました。キャラクターは、音楽プレーヤーの色に合わせて選択できるように背景が明るい色用（左）と暗い色用（右）の二種類作成しました。このキャラクターと操作を示す図形を組み合わせて操作説明用アイコンを作成しました。ただし、このアイコンは、携帯型音楽プレーヤーに標準的に示されている、再生／一時停止、曲飛ばし、曲戻しを示す記号の意味が分かるユーザーへメッセージを発信するものとします。我々が作ったアイコンは、図2が再生／一時停止を示すアイコン、図3が曲飛ばしを示すアイコン、図4が曲戻しを示すアイコンです。これらのアイコンは、携帯型音楽プレーヤーの前面部分に表示し、ユーザーに使用方法を提示します。ユーザーが携帯型音楽プレーヤーに貼りつけ

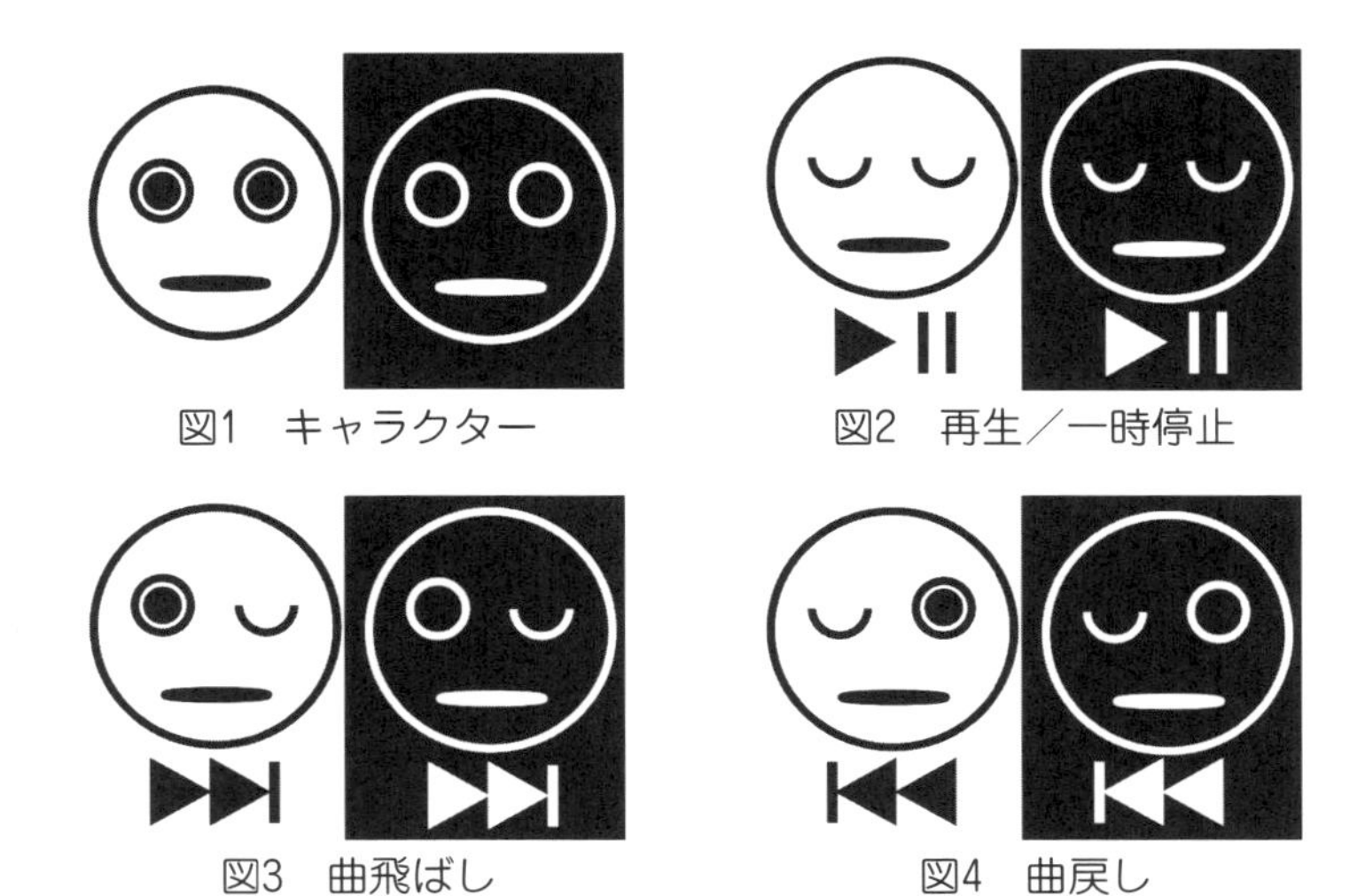

図1　キャラクター

図2　再生／一時停止

図3　曲飛ばし

図4　曲戻し

られたアイコンを見て操作した場合、右目、左目の操作を誤ることが想定されますが一度間違えれば、次は間違えにくくなります。

また、我々は図5に示すガイダンスディスプレイを開発しました。構造は、携帯型音楽プレーヤーの前面部分にアイコンを印刷した紙を貼り付け、その上にシースルー機能を有する鏡が貼り付けられています。ガイダンスディスプレイは、ユーザーが目の焦点を変えることで、鏡の役割をしてユーザー自身の顔を映し（図5の左）たり、鏡の奥のアイコンを見ることができます（図5の右）。鏡に自分の顔が映るとそこに注意が向くという心理を利用して、アイコンをみたユーザーが鏡を見ながら、自分の操作（瞬き）とアイコンとが同じ動作であるか否かを無意識に比べさせることができます。この比べる動作を無意識にさせることで、操作間違いの減少を期待しています。アイコンは、鏡に映し出されたユーザーの顔と一致するよう、本来の操作とは逆の目を閉じた図としました。そしてキャラクターのデザインは、ユーザーにアイコンの「目」に注目してもらえるよう以下の事実を応用してデザインしました。これらの事実は国籍、使用言語、性別による影響を受けません。

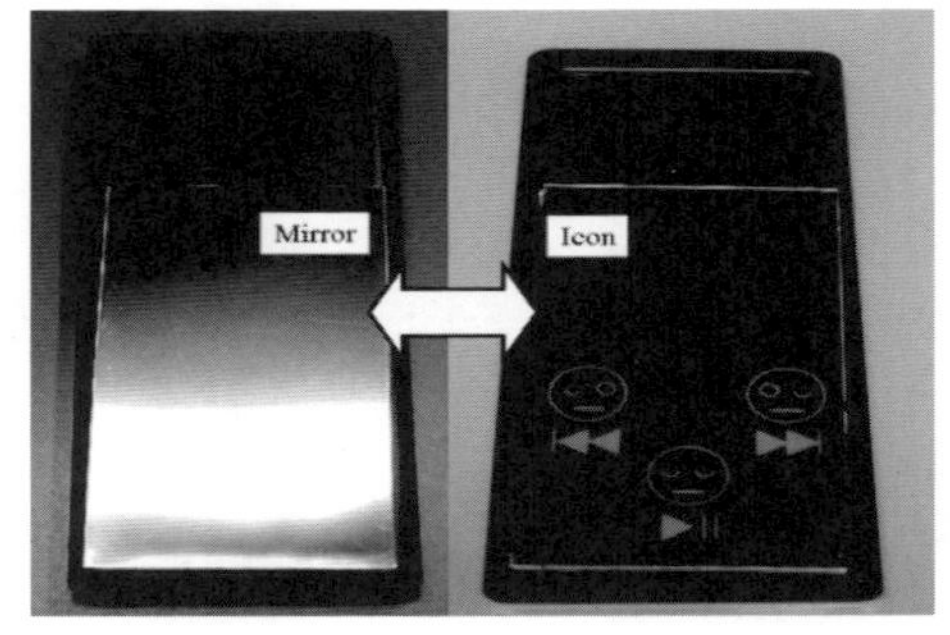

図5　ガイダンスディスプレイ

・人の脳には「顔」を認識するための部位があり、「顔らしきもの」が見えれば「顔」と認識します。[3] 顔文字などがいい例です。顔文字とは(^_^)、(^_-) そして >○< などであり、記号の集まりが確かに人の顔に見えます。

・人の顔を見るとき一般的な視点移動、停留のパターンを解析すると目に視点が繰り返し固定されます。[3]

・図6と図7に示す簡単な図形的な目であっても人はそれが人の目であると生得的に判断でき、図の瞳孔の大きさが見た人の心理に影響します。十六歳以上の人は図7よりも図6の瞳孔の大きい図形の方が高い好感度を示します。[4][5]

アイコンは、目、口、輪郭を示す簡単な図形で構成し「顔らしきもの」をしており、とくに目を意味する二つの円形の図形が、アイコンが顔であることを我々に理解させせます。このアイコンの目は、瞳孔を大きくし、ユーザーに好印象を与えるよう配慮したものです。

earableは、ウェアラブルPCや携帯型音楽プレーヤーなどのウェアラブル機器の操作のみならず、デスクトップパソコンやノート型パソコンの一般的なユーザーインターフェースであるキーボード、マウス、タッ

図6　瞳孔の大きい図形

図7　瞳孔の小さい図形

チパネルなどの手で操作する入力装置と一緒に用いることもできます。例えば図8のようにノート型パソコンでキー入力により文章を作成している最中に、そのパソコンの音楽再生ソフトをearableで操って音楽を聴くことができます。

図8　キーボードとearableの併用

第7章　夢見る

——earableの夢のような話

earableの新しい形

もうイヤホンの「おまけの機能」とはいわせない

earableは、耳の穴の形状を計測して、それを入力情報に用いています。またearableの形状はイヤホンに似ています。さらにearableにはスピーカーを搭載し、イヤホンの機能をもっています。そのため、earableはイヤホンのおまけ（オプション：選択肢）のような位置づけに捉えられることがあります。

我々は、**earableの上位概念を、耳の穴の形状から得られる情報のみならず、「ユーザーの耳全体から得られる様々な生体情報を計測し、それらを入力情報に用い、さらにユーザーの耳に音のみならず熱、振動、磁場など様々な物理的な情報を伝える装置」だと考えています。**

今まで開発してきたearableは、光学式距離センサーによって外耳道内の形状変化を検出するものであり、耳の広い領域の生体情報を検知するものではありませんでした。また、光学式距離センサーという単一のセンサーを備えるのに十分な大きさに設計されたものであり、センサーおよびアクチュエーターを複数備えることを想定して設計されたものでもありませんでした。そのため、ユーザーの特定の身体状態に関する情報について、耳における複数の部位の変化を検知することにより精度高く取得したり、複数の種類のセンサーを配置して身体状態に関する情報を含む各種情報を取得したりすることができませんでした。またユーザーに振動や熱などの多様な物理的情報を与えられませんでした。

我々は、earableの上位概念を具現化するため、耳から多くの生体情報を得て、耳にさまざまな物理エネルギー（光、熱、磁気、力など）を加えるためのプラットフォームとなる外耳に装着可能なコンピューターの研究開発を始めています。

総務省の戦略的情報通信研究開発推進事業（SCOPE）平成26年度　独創的な人向け特別枠「異能（Inno）vation」プログラムにより、最初の試作機halo（ハロ）ができました。haloは、センサーおよびアクチュエーターを複数配置できる領域を有し、特定の情報を精度高く取得するとともに、複数の種類の生体情報を取得することができます。また、ユーザーに様々な物理エネルギーを与えることができます。haloの形状は、イヤホンとはまったく異なるO型の形状で、さらに耳を塞ぐことがないため、イヤホンとは違う独自のカテゴリーに位置づけられると考えています。ちなみにhaloは市販のイヤホンやヘッドホンと併用することができます。これでearableを、もうイヤホンの「おまけの機能」とはいわせません。

● haloとは

元来haloには「光輪」とか「太陽の暈（かさ）」の意味があります。我々は、新しく開発した耳飾り型コンピューターにhaloと名づけました。この名は、外観および技術デザインのテーマを人類の共通の美である「光」と定めたことに由来します。また、haloは古事記の天照大神を、その専用ケースは月読命をイメージして設計しました。haloを図1と図2に、専用ケースを図3と図4に示します。

太陽神・天照大神は、伊邪那岐命の左目から生まれました。よって、haloは太陽光の輪を連想する形状とし、左耳用にしました。また光発電、光通信、光計測の技術を盛り込みました。月神・月読命は、万葉集では若返りの霊水を持つ者として登場します。専用ケースは、菊模様（日華模様）の入った瑠璃色の「切子」で月をイメージする形状にしました。これは、菊模様で月面に当る太陽の光を表現し、瑠璃色の切子は「瑠璃も玻璃も照らせば光る」のことわざから、haloの発展を祈ったものです。この専用ケースはhaloで計測した生体情報を健康支援に役立てる機能を持ちます。また、haloに光

図1　halo装着図

充電を行ったり、haloと光通信を行ったりもします。

● haloの構造

図2に示すようにhaloは、保持本体部とクリップ部に分けられます。haloは図1に示すように、クリップ部をユーザーの左側の耳に引っ掛けることでユーザーに装着されます。保持本体部は、情報取得部（各種センサー）、身体状態情報通信部（LED光源を用いた光通信装置）、光発電部（光発電パネル・発電素子）を備えており、クリップ部に

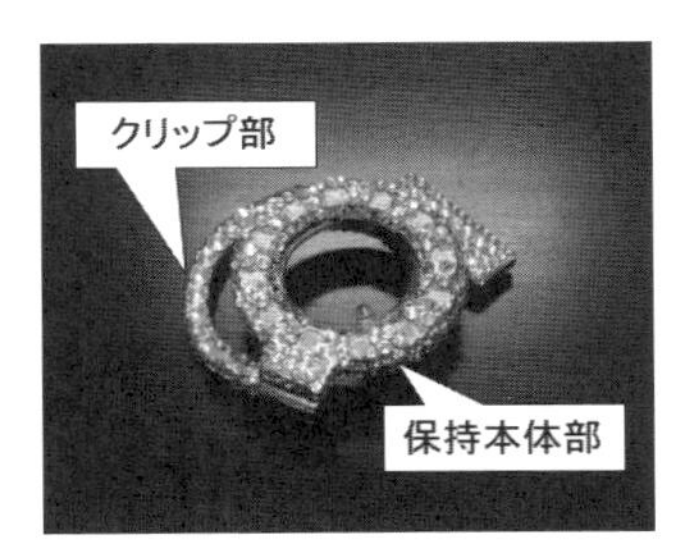

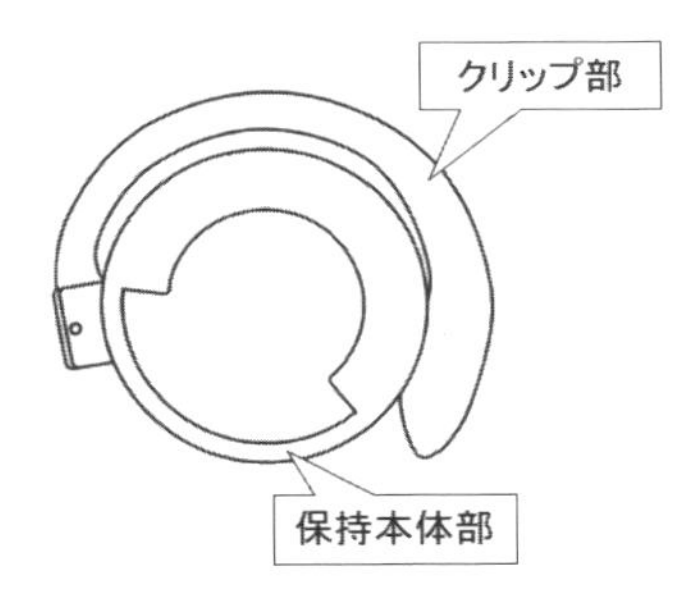

図2　haloの外観

図3　専用ケース
江戸切子を用いている。

図4　専用ケースに収納されるhalo

は皮膚ガスセンサー（情報取得部）、小型バッテリーを備えています。保持本体部における、ユーザーの耳と対向する領域には、脈波センサー、咀嚼センサー、皮膚色センサー、表皮温センサーおよび加速度センサー（身体運動センサー）などを配置することができます。また、ユーザーの耳と対向する領域の反対側の領域には、光発電パネルおよびLED光源が配置されます。

情報取得部による取得対象となる身体状態情報としては、ユーザーの脈波、咀嚼、血圧、血中酸素、表皮温度・体温、皮膚色および歩行などの身体運動を示す各種の身体状態情報（皮膚ガスセンサー以外）やユーザーのいる場所の気温、湿度あるいは明るさなどの身体状態情報以外の情報があります。情報取得部により取得した情報は、身体状態情報通信部より専用ケースに送信します。光発電部には光発電パネルが取り付けられており、ユーザーが日常で浴びる太陽光や蛍光灯の光、もしくは専用ケースから照射される可視光を光発電パネルで受光することよって光発電します。そして、光発電で得られた電力をクリップ部に備えられた小型バッテリーに供給することで、小型バッテリーが充電されます。

光発電パネルは、薄型および軽量であり、その耐用年数も従来型のバッテリーに比して長いことから、halo のさらなる小型化および軽量化を図ることができます。また、ユーザーは halo を頻繁に充電する必要がなく、長時間安定した状態で halo を使用することができます。さらに、光発電パネルは、保持本体部における表側の領域、すなわち、ユーザーの耳と対向する領域の反対側の領域に配置されていることから、他の領域に配置される場合に比べて太陽光や蛍光灯の光などの環境光を受光し易くなっています。それゆえ、短時間で効率よく充電できます。ユーザーは、光を用いた非接触充電により、halo の充電用ケーブルを接続するなどの手間から解放されます。

身体状態情報通信部は、専用ケースとの間で光無線通信を行うための光源として、LED光源（無線通信部）を備えています。halo のLED光源は、専用ケースに向けて赤外光を放射する光無線通信により、専用ケースに各種の身体状態情報を送信します。また、halo が充電可能状態であることを示す充電可能情報および halo の充電が完了したことを示す充電完了情報も専用ケースに送信します。一般に近距離光無線通信は、電波による近距離無線通信に比して消費電力が少ないため、halo の省エネルギー化が可能です。

さらに、光無線通信には、他の波長域の光に比して指向性が強く情報の秘匿性も高く、なおかつ人体に安全な赤外光を用いていることから、ユーザーのプライバシーおよび健康に配慮した装置にすることができます。

皮膚ガスセンサーは、ユーザーの皮膚から放出される皮膚ガスを検知するものであり、クリップ部における裏側の領域かつ先端部付近に配置されます。健康管理に利用可能な皮膚ガスには、脂肪の燃焼の指標になる皮膚アセトン、アルコール酔いの程度が分かるエタノール、腸内環境や便秘の状況がわかるメタン、呼吸器の疾患や炎症などにより増加するといわれている一酸化窒素、加齢臭の元といわれているノネナール、がんの発症・進行がわかるホルムアルデヒドなどがあります。一般に、耳の裏側周辺の領域は、通気性が悪く、皮膚ガスが溜まりやすい場所です。そのため、皮膚ガスセンサーを、耳の裏側周辺の領域内に位置させるために、皮膚ガスセンサーをクリップ部に配置しました。

小型バッテリーは、halo を構成する各部に電力の供給を行うものであり、クリップ部における裏側の領域に目立たないように配置しました。

今後、halo のユーザーの耳と対向する領域に、ユーザーの耳へ光、熱、振動などの物理エネルギーを与える機能も搭載する予定です。

● halo の専用ケース

図3から図5は、halo の専用ケースの外観図です。図3に示すように、専用ケースは壺型であり、また図5に示すように専用ケースは左のケース部と右の蓋部とで構成されます。専用ケースは、ケース部内に収納されたLED光源によりhaloに可視光を照射することで、halo に充電や通信を行います。ケース部内には、

図5　専用ケース
左のケース部とフタ部とで構成されます。

ＬＥＤ光源、光源制御部、受信部、送信部、記憶部、バッテリーが収容配置されています。ケース部には、ジルコニアが敷き詰められおり、その上側の面上にhaloを置くことによってhaloを支持します。ジルコニアは、haloと専用ケースとが光発電や光通信を行う上で大きな障害とならず、また適度に光を透過や反射するため視覚的な美しさを強調させる効果があります。ジルコニアは、ケース部の内部を覆うように、ＬＥＤ光源の上方に配置されています。

ＬＥＤ光源には、第1ＬＥＤ光源と第2ＬＥＤ光源があります。第1ＬＥＤ光源は、第2ＬＥＤ光源に比して弱い放射強度の第1可視光をhaloに対して放射します。haloは、第1可視光を受光（受信）することで、haloが専用ケース内に収納されている状態、すなわち専用ケースを用いた充電や専用ケースとのデータ通信が可能な状態であることを認識します。第2ＬＥＤ光源は、第1ＬＥＤ光源に比して強い放射強度の第2可視光をhaloに対して放射します。haloは、第2可視光を受光することで光発電パネルが発電し、充電されます。このような構成を採用することにより、専用ケースは、haloへの第1可視光の照射による充電可能情報の受信を契機として、第2可視光を照射することによってhaloを充電することができます。また、例えば、第1可視光を「蛍の光の様な点滅」に対応させ、第2可視光を「高出力発光」に対応させれば、充電時においてユーザーに与える視覚的効果に優れた専用ケースを提供することができます。また、第1可視光および第2可視光の組み合わせについて、「蛍の光の様な点滅」および「高出力発光」の組み合わせだけでなく、発光強度、波長、点灯周期等を適宜設定すれば、ユーザーの嗜好に適合させることができます。

受信部は、halo の身体状態情報通信部から送信された情報を受信します。記憶部は、受信部が受信した身体状態情報および各種の制御プログラム等を記憶します。記憶部は、例えばハードディスク、フラッシュメモリーなどの不揮発性の記憶装置によって構成されます。送信部は、記憶部が記憶している身体状態情報をスマートフォンに送信します。送信方法としては、近距離無線通信手法として Bluetooth を採用しています。

光源制御部は、第1ＬＥＤ光源および第2ＬＥＤ光源の点灯を制御します。ケース部内にhaloが収納されていない状態、およびケース部内にhalo が収納されてから受信部が充電可能情報を受信するまでの間は、光源制御部は、第1ＬＥＤ光源が第1可視光を比較的小さな周波数で点滅するように制御しています。具体的には、第1ＬＥＤ光源は、「蛍が放つ光」のように、ゆっくりと弱く光が点いたり消えたりします。このとき、第2ＬＥＤ光源は、光源制御部によって消灯状態となるように制御されています。次に、受信部が充電可能情報を受信した場合、光源制御部は、第1ＬＥＤ光源を消灯し、代わりに第2ＬＥＤ光源が第2可視光を連続して放射するようにその点灯を制御しています。そして、halo の充電が完了し、受信部が充電完了情報を受信した場合、光源制御部は、第2ＬＥＤ光源を消灯して、第1ＬＥＤ光源が再び第1可視光による点滅を行うようにしています。

図6は、haloと専用ケースとスマートフォンとの間で各種情報の送受信を行っている様子を模式的に示した図です。この図に示すように、専用ケース内のhaloは、光発電パネルで第1可視光を受光すると、LED光源から赤外光を放射することによって充電可能情報を専用ケースに送信（光無線通信）します。また、光発電パネルで第2可視光を受光すると、haloは、充電を開始するとともに、LED光源から赤外光を放射することによってメモリに記憶しておいた身体状態情報を専用ケースに送信（光無線通信）します。すなわち、光発電パネルは、発電素子としての機能を有するとともに、haloと専用ケースとの間で行われる光無線通信における、受信部（光無線通信受光部）としての機能も有します。スマートフォンと専用ケースの間の通信にはBluetoothを用いています。

haloおよび専用ケースをスマートフォンによって操作可能とし、スマートフォンのユーザー操作によって、身体状態情報の送受信、またはhaloおよび専用ケースの各種機能の設定変更などを行うことも可能です。

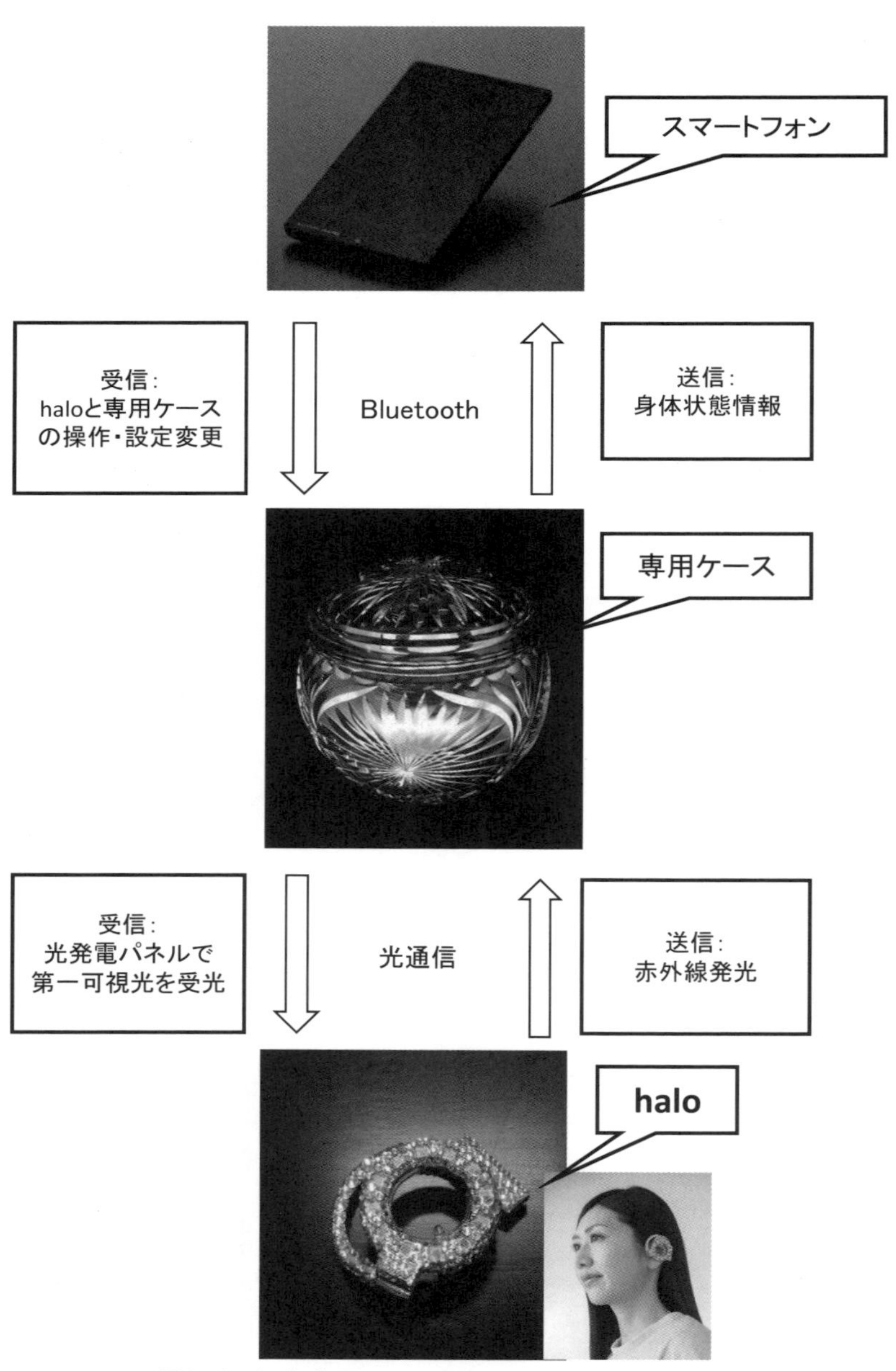

図6　halo と専用ケースとスマートフォンとの間で
各種情報の送受信を行っている様子の模式図

●haloの特徴

haloの形状は、少なくともユーザーの耳介部から対珠までの領域をユーザーの耳輪に沿って覆う形状となっています。したがって、従来のearableのようなユーザーの外耳道の開口部周辺を覆う形状に比して、ユーザーの耳と対向する領域の面積が広くなります。そのため、haloに複数の種類のセンサーを配置することにより、これらのセンサーの数に対応した複数の種類の情報を取得することができます。また、haloの複数箇所に同一種類のセンサーを配置することにより、特定の情報を精度高く取得することができます。さらに、耳にさまざまな物理エネルギーを与える装置を配置することも可能です。

専用ケースは、haloを充電しつつ、haloから送信された身体状態情報をいったん記憶部に記憶した上でスマートフォンに送信することができます。そのため、haloに容量の小さいバッテリーを用いることができることから、haloの小型化、軽量化および低コスト化が可能です。さらに、身体状態情報は記憶部に記憶しておくことができることから、その分haloのメモリ容量を小さくでき、このことによってもhaloの低コスト化が可能です。

●haloロゴマーク

haloのロゴマークを図7に示します。haloのロゴマークは、光の輪をモチーフにしています。

光の粒子性に注目して、たくさんの粒子（ドット）を用いて作成しました。人の脳は、複数の粒子を個々に理解するのではなく、それぞれの間の関係を見出し、全てをひとまとまりのものとして理解します。この脳の特徴は、ゲシュタルト群化原理とよばれています。また、人の脳には隠されている部分を想像して補完する能力があります。この補完能力により、光の輪が粒子の中に現れます。補完能力を働かせるようなデザインにすることで、haloを使うことで驚きや発見のあるコンピュータにしたいとの願いを込めました。また、六芒星をデザインに用いることで天照大神の偉大な光を表現しました。

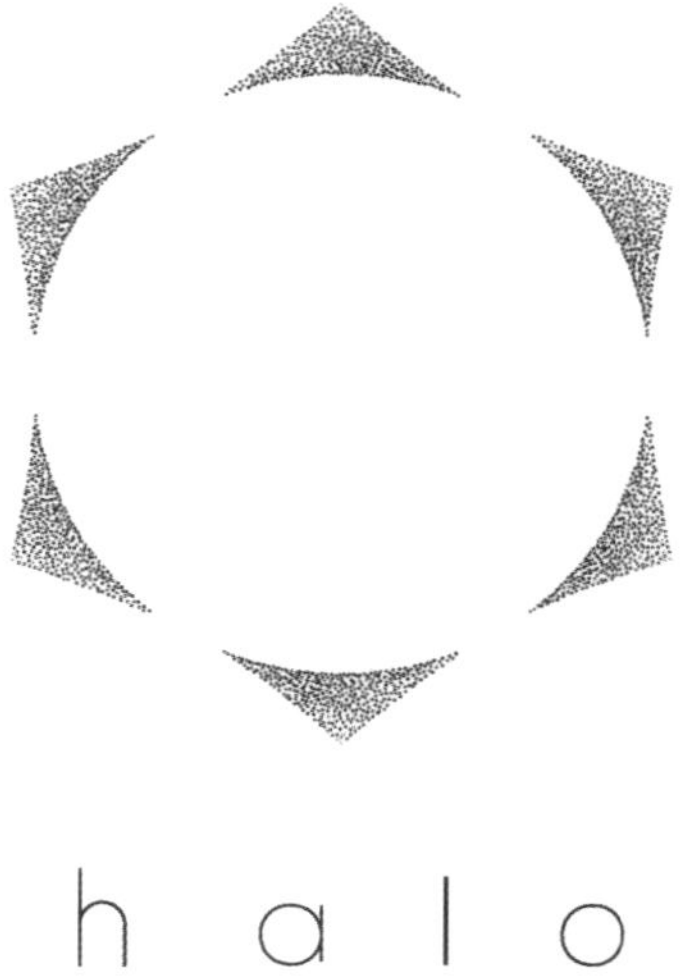

図7　haloのロゴマーク
協力：㈱ビズアップ
デザイナー：矢野美緒

earable の新しい挑戦

● 耳で人間の様々な感覚を感じコントロールできる機能の研究

耳には、例えば、次に示す多くの特徴があります。

・耳には、聴覚以外にも温覚や触覚があります。
・聴覚は人間が胎児の段階で最初に発展させる感覚です[1]。
・聴覚は、意識を失うとき、感覚の中で最後まで失われずに残ります[1]。
・聴覚は、タイミングに敏感な感覚です。（映画のスクリーンは1秒間に24コマなら、途切れ途切れに見えることなく、絶え間なく映像が映っているように見えますが、音は1秒間に24回途切れ途切れに鳴ったとすると、連続的に聞こえません。つまり、聴覚は、視覚に比べて、タイミングを敏感に検知できるようになっています[1]。
・耳の内部にある三半規管は体のバランスを保つ役割を果たします[1]。
・聴覚と視覚は影響し合っています。その好例が「マガーク効果」です。これは、人間の声の聞こえ方が、目から入ってくる唇の動きの情報によって変わってしまうという現象です[1]。
・耳は、感情的な葛藤で興奮すると耳の色が真っ赤になります。耳は、性的な興奮により耳たぶが膨張し充血します[2]。
・外耳道の形状は、顎の動きや表情筋の動きにより変化します。
・耳には、多くのツボが存在します。
・耳の近くには浅側頭静脈という大きな血管があります。
・耳は皮膚ガスが溜まりやすい構造です。

・耳に光を当てることで生活リズムを整える効果があります[3]。

私は、前述したような耳と脳、心、他の部位との関連について徹底的に研究することで、耳飾り型コンピュータに搭載するまだ開発できていない「耳で人間のもつ様々な感覚を感じコントロールできる機能」の研究に挑戦しています。

これから先も、耳の持つ可能性を最大限引き出し、「使っていて楽しい、使っていて驚きがある、身につけることでモテる、身につけることで精神的・肉体的な快感が得られる、みんながつけている（普及している）、ユーザー自身がその機能を自由に拡張できる、自分のヘルスケアに役立つ、心がジーンと感動する」を満たした耳飾り型コンピューターを実現していきます。

※earableは、登録商標です。

文献

第3章　着飾る

1)　日高敏隆、ぼくの生物学講義―人間を知る手がかり、昭和堂（2010）
2)　竹内久美子、男と女の進化論―すべては勘違いから始まった、pp.22-24、新潮文庫（1994）
3)　デズモンド・モリス著、常盤新平訳、ウーマンウォッチング、p.224、小学館（2007）
4)　千村典生、ファッションの意味を読む―ドレス「服飾」の起源と変遷を歴史的に読み解く、グリーンアロー出版社（1997）
5)　S.B.カイザー著、高木修、神山進監訳、被服心理学研究会訳、被服と身体装飾の社会心理学―装いのこころを科学する、北大路書房（1994）
6)　菅原健介、cocoros研究会、下着の社会心理学―洋服の下のファッション感覚、pp.118、朝日新聞出版（2010）
7)　デズモンド・モリス著、日高敏隆監修、羽田節子訳、セックスウォッチング―男と女の自然史、p.42、小学館（1998）

第5章　噛む

・　LOTTEガムFactbook2014（ウェアラブルデバイス編）、ロッテ　広報・宣伝部

第6章　楽しむ

コラム

1)　谷口和弘、西川敦、宮崎文夫、こめかみスイッチ：アフォーダンスを考慮した常時装用型コマンド入力装置の設計と実装、計測自動制御学会論文集SI特集号「次世代ヒューマン-マシン・システムインテグレーション」、**46**（1）、

39-48（2010）
2） 広辞苑第5版、岩波書店（1999）
3） T.Stafford, M.Webb, Mind Hacks：Tips & Tools for Using Your Brain, O'Reilly Media (2004)
4） E.H.Hes、瞳孔の大きさとコミュニケーション、日経サイエンス1976年1月号、98/105、日経サイエンス（1976）
5） D. Morris, Manwatching：Field Guide to Human Behaviour, Jonathan Cape (1977)

第7章　夢見る

1） T.Stafford著、M.Webb著、夏目大訳、Mind Hacks―実で知る脳と心のシステム、オライリージャパン（2005）
2） デズモンド・モリス著、常盤新平訳、ウーマンウォッチング、小学館（2007）
3） H.Jurvelin, J.Jokelainen, T.Takala, Transcranial Bright Light and Symptoms of Jet Lag：A Randomized, Placebo-Controlled Trial, *Aerospace Medicine and Human Performance*, 86（4）, pp.344-350 (2015)

注釈

はじめに

＊**ウェアラブルコンピューター**：身につけて使う小型コンピューター。実用化が進み、米 Apple 社から2015年4月に発売された腕時計型ウェアラブルコンピューター「Apple Watch（アップル・ウォッチ）」もその一つ。

第1章　知る

＊**アイズフリー**：操作時に視線をコンピューターに向ける必要がない。
＊**ハンズフリー**：操作時に手を使う必要がない。
＊**クラウド**：ネットワーク上に存在するコンピュータシステム。ネットワークに接続することでクラウドの機能を利用できる。クラウドを活用することをクラウドコンピューティングと呼ぶ。
＊**フェイスマウントディスプレイ**：人の目の前に装着して用いる小型ディスプレイ装置
＊**骨伝導ヘッドフォン**：音を骨の振動に変えて聞くヘッドフォン。鼓膜を振動させる必要がない。また使用時に耳を塞ぐことがないので、日常の音もヘッドフォンの音と一緒に聞くことができる。
＊**皮膚ガス**：皮膚から放出されているガス。
＊**筋電位**：筋肉を動かすとき、筋肉に生じる電圧のこと。特殊な電極と計測器（筋電計）を用いることで皮膚の表面からも筋電位を計測することができる。

第2章　使う

＊**ログ**：起こった出来事についての情報などを一定の形式で時系列に記録・蓄積したデータのこと。
＊**ゲーミフィケーション**：ゲームの手法やノウハウをゲーム以外の対象に応用

することで、ゲーム感覚で人々を楽しませたり、夢中にさせる手法。

第3章　着飾る

＊**真・副・体**：生花の基本構成などについては、池坊いけばなのテキストや次の論文などをご参照ください。
池坊由紀、高井由佳、後藤彰彦、桑原教彰、いけばな作品評価アンケートによる未経験者と熟練者の見極めの比較：－いけばな実作と写真を用いて－、日本感性工学会論文誌、**13**(1)、307-314（2014）

第4章　生きる

＊**ビッグデータ**：ICT（情報通信技術）の進展により、生成・収集・蓄積などが可能・容易になる多種多量のデータ（出典 情報通信審議会ICT基本戦略ボード「ビッグデータの活用に関するアドホックグループ」資料)。

著者紹介

谷口和弘　Kazuhiro Taniguchi

広島市立大学　大学院情報科学研究科　講師
2008年に earable の基礎技術を開発。以降、earable の多分野での実用化に向け数々の産官学連携プロジェクトを精力的に推進中。
2008年 9 月　大阪大学　大学院基礎工学研究科修了（博士　工学 / ロボット工学）
2006年 7 月～2009年 3 月　大阪大学　特任研究員
2008年10月～2009年 3 月　大阪大学　招聘教員
2009年 4 月～2010年 3 月　東京大学　特任研究員
2010年 4 月～2010年10月　工学院大学　准教授
2010年 4 月～2011年 3 月　東京大学　客員研究員
2011年10月～2011年11月　池見東京医療専門学校　非常勤講師
2011年12月～2012年 3 月　大阪大学　特任講師
2012年 4 月～　現職
earable 参考 URL　http://www.earable.jp　や　http://halo.osj.net/

earable（イアラブル）**世界初！ イヤホン型ウェアラブルコンピューター**（B1194）

2016年1月18日　第1刷発行

著　者　谷口和弘
カバー・表紙・本文イラスト　寺西佐恵佳（e-mail：hyhnbttls.350ml@gmail.com）
発行者　辻　賢司
発行所　株式会社シーエムシー出版
東京都千代田区神田錦町1-17-1
電話 03(3293)7066
大阪市中央区内平野町1-3-12
電話 06(4794)8234
http://www.cmcbooks.co.jp/
編　集　池田朋美／為田直子
印刷・製本　株式会社遊文舎

ISBN978-4-7813-1144-9　C3055